建筑施工企业主要负责人、项目负责人、专职安全生产
管理人员安全生产培训考核及继续教育教材

建设工程安全生产管理

中国建筑业协会　组织编写

中国建筑工业出版社

图书在版编目（CIP）数据

建设工程安全生产管理/中国建筑业协会组织编
写. —北京：中国建筑工业出版社，2019.6
建筑施工企业主要负责人、项目负责人、专职安全
生产管理人员安全生产培训考核及继续教育教材
ISBN 978-7-112-23402-8

Ⅰ. ①建… Ⅱ. ①中… Ⅲ. ①建筑工程-安全生
产-生产管理-技术培训-教材　Ⅳ.①TU714

中国版本图书馆 CIP 数据核字（2019）第 040676 号

本书是"建筑施工企业主要负责人、项目负责人、专职安全生产管理
人员安全生产培训考核及继续教育教材"丛书中的一本。全书共 5 章，包
括：建设工程安全生产管理概述、建设工程安全生产管理体制、建设工程
安全生产管理制度、施工现场管理与文明施工、典型案例分析，书后附有
试题。

*　　　*　　　*

责任编辑：胡永旭　赵晓菲　范业庶　张　磊　王砾瑶
　　　　　李春敏　曹丹丹
责任校对：李欣慰

建筑施工企业主要负责人、项目负责人、专职安全生产管理
人员安全生产培训考核及继续教育教材

建设工程安全生产管理

中国建筑业协会　组织编写

*

中国建筑工业出版社出版、发行（北京海淀三里河路 9 号）
各地新华书店、建筑书店经销
霸州市顺浩图文科技发展有限公司制版
北京同文印刷有限责任公司印刷

*

开本：787×1092 毫米　1/16　印张：12　字数：273 千字
2019 年 7 月第一版　　2019 年 7 月第一次印刷
定价：**32.00** 元
ISBN 978-7-112-23402-8
（33705）

丛书编委会

主　任：王铁宏

副主任：吴慧娟　刘锦章　吴　涛

委　员：王秀兰　景　万　赵　峰　陈立军　尤　完

　　　　张守健　方东平　赵正嘉　陈海昌　朱利闽

编写组成员：（以姓氏笔画排序）

马　记　马　俊　王群依　王超慧　尤　完　方东平　叶二全

成　军　朱利闽　任明忠　刘　菁　刘　春　刘　博　刘　辉

刘学之　关　婧　孙其珩　苏义坤　李　君　李　勇　李凤超

李欣函　李建生　佘强夫　张　柚　张　键　张立国　张守健

陈立军　陈海昌　罗卫东　祝国梁　赵正嘉　贾宏俊　夏　亮

柴海楼　徐长会　郭中华　诸国政　梁洁波　董　爱　董志健

董慧凝　曾　平　蔡俊兵　熊兴亮　滕勇强　薛海涛

本书编委会

主　　编：张守健

副主编：方东平　苏义坤

成　　员：张守健　方东平　苏义坤　徐长会　李　勇

　　　　　张立国　刘　博　滕勇强　蔡俊兵　祝国梁

　　　　　曾　平　赵建立　李　欣

丛书前言

为贯彻落实党的十九大报告提出的"树立安全发展理念，弘扬生命至上、安全第一的思想，健全公共安全体系，完善安全生产责任制"的精神，按照《中共中央 国务院关于推进安全生产领域改革发展的意见》要求，依据《中华人民共和国安全生产法》、《建设工程安全生产管理条例》中关于建筑施工企业主要负责人、项目负责人、专职安全生产管理人员培训、考核的有关规定，为进一步强化安全生产责任制，有效减少生产安全事故总量，严格防控较大事故，坚决遏制重特大安全事故，我们组织编写了《建筑施工企业主要负责人、项目负责人、专职安全生产管理人员安全生产培训考核及继续教育教材》，期望通过对本套教材的学习和实践，提高住房城乡建设系统各级安全生产管理人员及广大从业人员的安全生产意识和安全生产管理水平，保障建筑施工企业的安全生产，推动建设工程领域安全生产形势持续稳定好转，促进建筑业高质量发展。

本套丛书的编写原则是立足安全生产实际，彰显建筑行业特色，全面贯彻落实新法规。根据当前国家对建设工程安全生产所出台的新政策、新法规、新标准，借鉴国际上的先进经验和方法，注重编写内容的系统性、前瞻性，反映安全生产的专业要求，突出可操作性。

《建设工程安全生产管理》编写的重点是明确工程总承包单位的安全生产责任，强化安全生产组织机构设置管理制度、危险源辨识管理制度、安全检查验收制度、安全生产费用管理制度等方面的管理要求以及临时设施、施工现场的卫生与防疫、五牌一图与两栏一报、警示标牌布置与悬挂、社区服务与环境保护、施工现场消防管理等方面的措施规定。《建设工程安全生产技术》依据近年来建设工程领域新技术、新工艺、新材料、新设备的推广使用情况，从提高建筑施工企业主要负责人、项目负责人、专职安全生产管理人员的安全管理能力和知识更新出发，增加装配式建筑技术、超高层施工技术、信息化技术与安全生产等方面的内容，并将职业卫生和现场防火内容进行重新梳理归类。《建设工程安全生产法律法规》依据国家出台的建设工程安全生产新法规、新政策、新标准，整理编排相应部分的内容，整体介绍有关建筑安全生产的法律法规要点，明晰了建设工程安全生产主要法律责任类型和内容；增加了有关建筑安全生产部门规章、规范性文件、国际公约等方面的规定。本套丛书根据正文内容提供了相应的测试度量。

本套丛书由中国建筑业协会和中国建筑业协会工程项目管理专业委员会具体组织建筑业企业、大专院校和行业协会的专家学者编写。本套丛书在编写过程中得到了江苏省住房和城乡建设厅、南京市城乡建设委员会、江苏省建筑行业协会建筑安全教育分会、哈尔滨工业大学、清华大学、北京建筑大学、北方工业大学、北京交通大学、中国科学院大学、东北林业大学、南京工业大学、南通大学、中国建筑股份有限公司、中国中铁股份有限公司、中国建筑一局（集团）公司、中铁建工集团有限公司、北京城建集团有限公司、中铁开发投资集团有限公司、中铁一局集团有限公司、中国建筑第八工程局有限公司、中建八局第三建设有限公司、中国二十冶集团有限公司、上海二十冶建设有限公司、江苏省工业设备安装集团有限公司、浙江环宇建设集团有限公司、南京大地建设集团有限公司、中建四局第四建筑工程有限公司等单位的大力支持和热情帮助。

　　由于我们水平有限，难免存在不少疏漏之处，真诚希望读者能够提出宝贵意见，予以赐教指正。

二○一九年五月十八日

前　　言

　　《建设工程安全生产管理》是《建筑施工企业主要负责人、项目负责人、专职安全生产管理人员安全生产培训考核及继续教育教材》系列丛书的组成部分。该教材是依据《建设工程安全生产管理条例》等相关法律法规中关于"施工单位的主要负责人、项目负责人、专职安全生产管理人员应当经建设行政主管部门或者其他有关部门考核合格后方可任职"的规定而编写的。本书对于提高建筑施工企业主要负责人、项目负责人、专职安全管理人员的安全生产意识和安全生产管理水平，具有重要的促进作用。

　　《建设工程安全生产管理》编写的重点是反映国家颁布的建设工程安全生产的新政策法规和新管理制度，进一步健全安全生产组织机构设置管理制度、危险源辨识管理制度、安全检查验收制度、安全生产费用管理制度等方面的管理要求，系统梳理临时设施、施工现场的卫生与防疫、五牌一图与两栏一报、警示标牌布置与悬挂、社区服务与环境保护、施工现场消防管理等方面的措施规定，强化工程总承包单位的安全生产管理责任。《建设工程安全生产管理》的正文内容共有5章：第1章建设工程安全生产管理概述；第2章建设工程安全生产管理体制；第3章建设工程安全生产管理制度；第4章施工现场管理与文明施工；第5章典型案例分析。附录内容为与正文相对应的建设工程安全生产管理考试题库。

　　《建设工程安全生产管理》由中国建筑业协会和中国建筑业协会工程项目管理专业委员组织建筑施工企业、高等院校和行业协会的专家完成修编工作。本教材在编写过程中得到了哈尔滨工业大学、清华大学、东北林业大学、中国建筑第八工程局有限公司、中国二十冶集团有限公司、上海二十冶建设有限公司、中国建筑上海设计研究院有限公司、中国建筑股份有限公司、中国建筑一局（集团）公司、中建四局第四建筑工程有限公司等单位的大力支持，在此深表感谢！

　　由于我们水平所限，难免存在疏漏和不当之处，恳请读者提出宝贵意见，以便于修正。

二〇一九年五月十八日

目　　录

第 1 章　建设工程安全生产管理概述

习近平主席在对全国安全生产工作作出的重要指示中指出，安全生产事关人民福祉，事关经济社会发展大局。安全生产是关系人民群众生命财产安全的大事，是经济社会协调健康发展的标志，是党和政府对人民利益高度负责的要求。建设工程安全生产不仅直接关系到建筑企业自身的发展和收益，更是直接关系到人民群众包括生命健康在内的根本利益，关系改革发展稳定的大局。在国际经济交往与合作愈加紧密的今天，安全生产还关系到发挥负责任大国作用，成为综合国力和国际影响力领先的国家。近年来，我国建筑企业认真贯彻"安全第一、预防为主、综合治理"的安全生产方针，全面贯彻落实党的十八大、十九大精神，认真贯彻落实党中央、国务院决策部署，牢固树立安全发展理念，大力弘扬生命至上、安全第一的思想，强化安全生产领导责任和企业主体责任，完善建设工程安全法规和技术标准体系建设，积极开展专项整治和隐患排查治理活动，着眼于建立安全生产长效机制、强化监管、狠抓落实，全国建筑施工安全生产形势总体趋向稳定好转，取得一定成效，施工作业和生产环境的安全、卫生及文明工地状况得到明显改善，为推动经济高质量发展和决胜全面建成小康社会营造了稳定的安全生产环境。

当前我国正处城镇化持续推进过程中，生产经营规模不断扩大，传统和新型生产经营方式并存，各类事故隐患和安全风险交织叠加，安全生产基础薄弱、监管体制机制和法律制度不完善、企业主体责任落实不力等问题依然突出，生产安全事故易发多发，尤其是重特大安全事故频发势头尚未得到有效遏制，一些事故发生呈现由高危行业领域向其他行业领域蔓延趋势，直接危及生产安全和公共安全。根据《2018 年上半年全国建筑业安全生产形势》报告，2018 年上半年全国建筑业共发生生产安全事故 1732 起、死亡 1752 人，同比分别上升 7.8% 和 1.4%，事故总量已连续 9 年排在工矿商贸事故第一位，事故起数和死亡人数自 2016 年起连续"双上升"；较大事故发生 32 起、死亡 113 人，同比分别下降 17.9% 和 26.1%；重大事故发生 1 起，同比持平。目前我国正处在全面建成小康社会决胜期，安全发展也步入新的历史阶段，因此，提高建筑业的安全水平，保障从业人员的生命安全刻不容缓且意义重大。

1.1　建设工程安全生产的特点

建筑业从广义的概念来说是从事建筑安装工程的生产活动，为国民经济各部门建造房屋和构筑物，并安装机器设备（2009 年版《辞海》）。长期以来，由于人员流动性大、劳动对象复杂和劳动条件变化大等特点，建筑业在各个国家都是高风险的行业，伤亡事故发生率一直位于各行业的前列。尤其是现代社会建设项目趋向大型化、高层化、复杂化，加之建设场地的多变性，使得建设工程生产特别是安全生产与其他生产行业相比有明显的区别，建设工程安全生产的特点主要体现在以下几个方面：

（1）建筑施工大多数在露天的环境中进行，所进行的活动必然受到施工现场的地理条件和气象条件的影响。恶劣的气候环境很容易导致施工人员生理或者心理的疲劳，注意力不集中，造成事故。

（2）建设工程是一个庞大的人、机、环工程。这一系统的安全性不仅仅取决于施工人员的行为，还取决于各种施工机具、材料、建筑产品（统称为物）的状态以及现场环境的各类状况。建设工程中的人、物以及施工环境中存在的导致事故的风险因素非常多，如果不及时发现并且排除，将很容易导致安全事故。

（3）建设项目的施工具有单一性的特点。不同的建设项目所面临的事故风险的大小和种类都是不同的。建筑业从业人员每一天所面对的都是一个几乎全新的物理工作环境。在完成一个建筑产品之后，又转移到下一个新项目的施工。项目施工过程中层出不穷的各种事故风险是导致建筑事故频发的重要原因。

（4）工程项目施工还具有分散性的特点。建筑业的主要制造者——现场施工人员，在从事工程项目的施工过程中，分散于施工现场的各个部位，当他们面对各种具体的生产问题时一般依靠自己的经验和知识进行判断做出决定，从而增加了建筑业生产过程中出于工作人员采取不安全行为而导致事故的风险。

（5）工程建设中往往有多方参与，管理层次比较多，管理关系复杂。仅施工现场就涉及业主、总承包商、分承包商、供应商和监理工程师等各方。各种错综复杂的人的不安全行为，物的不安全状态以及环境的不安全因素往往互相作用，构成安全事故的直接原因。

（6）目前我国建筑业仍属于劳动密集型产业，技术含量相对偏低，建筑业管理人员和工人的职业素质都较一般生产行业差。尤其是大量的没有经过全面职业培训和严格安全教育的农民工，其数量约占施工一线人数的70%。这些农民工由于缺乏必要的职业技能和安全意识，加上现场缺乏科学严格的管理措施，使其很容易成为建筑安全事故的肇事者和受害者。

（7）建筑业作为一个传统的产业部门，工期、质量和成本的管理往往是项目生产人员关注的主要对象。许多建筑业从业人员认为建筑安全事故完全是由一些偶然因素引起的，因而是不可避免的，无法控制的，没有从科学的角度深入认识事故发生的根本原因并采取积极的预防措施，造成了建设项目安全管理不力，发生事故的可能性增加等问题。

1.2 建设工程安全生产现况

1.2.1 我国建设工程安全的基本情况

目前我国正在进行历史上也是世界上最大规模的基本建设，在未来相当长的一段时间内将保持较快的增长速度，需要我们准确认识现阶段的安全生产形势，科学把握安全生产规律。但由于行业特点、工人素质、管理水平、文化观念、社会发展水平等因素的影响，造成我国建筑业的安全生产形势十分严峻。总体来讲，我国建筑业包括铁道、水利等领域，每年有 3000 多人在事故中死亡，建筑业已经成为我国所有工业部门中仅次于交通运输业的高危行业。以房屋市政工程为例，根据国家住房和城乡建设部发布的数据统计，我国 2009～2017 年的房屋市政工程生产安全事故及其死亡人数都在 500 次及600 人以上，具体数据见表 1-1。

2009～2017 年房屋市政工程生产安全事故统计表		表 1-1
年份	事故起数(起)	死亡人数(人)
2009	684	802
2010	627	772
2011	589	738
2012	487	624
2013	528	674
2014	522	648
2015	442	554
2016	634	735
2017	692	807

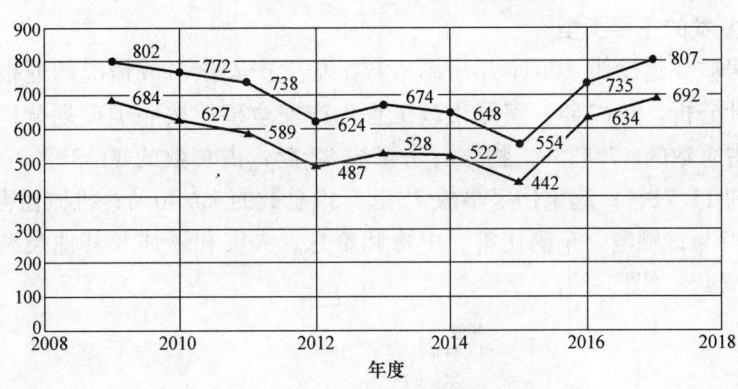

图 1-1 房屋市政工程总体情况

从图 1-1 对近年来的事故统计比较来看，我国建筑安全状况总体状况保持稳定，事故总量和造成的死亡人数均小幅下降，2015 年达到最低点，之后开始有上升趋势，其中 2016 年事故总量为 634 起，死亡人数为 735 人，增幅最大，分别比 2015 年增加32.7％和 43.4％,；从图 1-2 统计来看，较大及较大以上事故下降，2018 年全国建筑施工较大及以上事故 23 起、死亡 90 人，分别比 2010 年减少 20.7％和 28％。

虽然我国建设工程安全生产整体状况有所好转，得益于国家颁发的建筑业法规及条例对建筑行业设计、施工以及验收等环节的有效规范，我国施工安全管理水平得以提升。但建筑安全生产形势仍然比较严峻。主要表现在：一是事故总量仍然较大；二是下降幅度趋减，但出现反弹；三是较大事故时有发生，特别是造成群死群伤的事故还没有完全遏制，如山东省烟台市龙口市金域蓝湾 B 区 29 号楼工程"7·15"事故（8 人死

图 1-2　房屋市政工程较大及以上事故情况
（根据住房城乡建设部发布数据整理）

亡）、四川省南充市阆中市七里新区宏云江山国际工程"8·22"事故（6人死亡、4人受伤）等较大事故，给人民生命财产带来重大损失。这表明我国仍处在建筑施工频繁发生的时期，我国的建筑安全生产形势又将面临新的考验。

1.2.2　我国建设工程事故特点及规律

1. 事故多发的主要类型

根据住房城乡建设部《2017年房屋市政工程生产安全事故情况的通报》中的建筑施工事故统计分析，2017年，房屋市政工程生产安全事故按照类型划分，高处坠落事故331起，占总数的47.83%；物体打击事故82起，占总数的11.85%；坍塌事故81起，占总数的11.71%；起重伤害事故72起，占总数的10.40%；机械伤害事故33起，占总数的4.77%；触电、车辆伤害、中毒和窒息、火灾和爆炸及其他类型事故93起，占总数的13.44%（图1-3）。

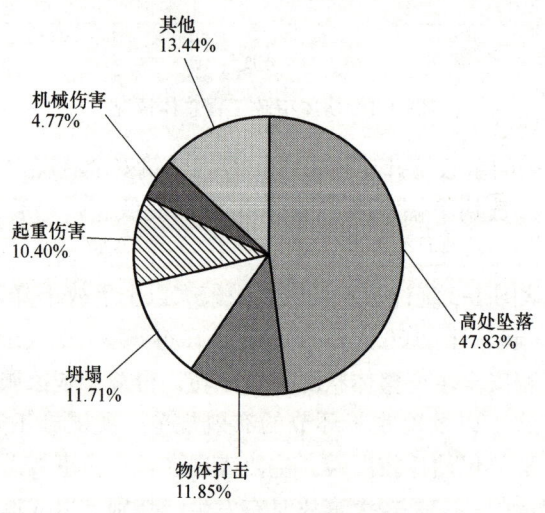

图 1-3　2017 年事故类型情况

4

2017年发生的23起房屋市政工程生产安全较大事故中，土方坍塌事故5起、死亡18人，分别占较大事故总数的21.74%和20.00%；起重伤害事故4起、死亡16人，分别占较大事故总数的17.39%和17.78%；模板支撑体系坍塌事故2起、死亡6人，分别占较大事故总数的8.70%和6.67%；吊篮倾覆事故2起、死亡6人，分别占较大事故总数的8.70%和6.67%；中毒和窒息事故2起、死亡7人，分别占较大事故总数的8.70%和7.78%；火灾和爆炸事故2起、死亡7人，分别占较大事故总数的8.70%和7.78%；脚手架坍塌事故1起、死亡3人，分别占较大事故总数的4.35%和3.33%；车辆伤害事故1起、死亡3人，分别占较大事故总数的4.35%和3.33%；机械伤害事故1起、死亡4人，分别占较大事故总数的4.35%和4.44%；其他坍塌事故3起、死亡20人，分别占较大事故总数的13.04%和22.22%（图1-4）。

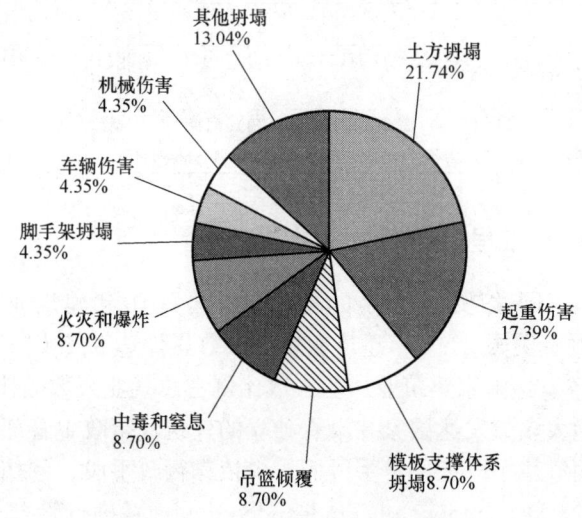

图1-4　2017年较大事故类型情况

按照事故类型分析，高处坠落事故占全部事故起数的47.83%，是最易造成人员伤亡的事故类型，反映出不少工程项目存在安全管理粗放、施工现场安全防护不到位、施工作业人员安全意识淡薄等问题。较大事故中，以基坑坍塌、起重伤害、模板支架坍塌为代表的危险性较大的分部分项工程事故共17起、死亡64人，分别占较大事故总数的73.91%和71.11%，是防范群死群伤事故的重点。

2. 发生事故的工程类别

按照工程类别分析，2017年共发生市政基础设施工程事故88起、死亡136人，分别占事故总数的12.72%和16.85%，其中较大事故10起、死亡42人，分别占较大事故总数的43.48%和46.67%。此外，2017年市政基础设施工程事故起数和死亡人数同比分别上升37.50%和51.11%，远高于房屋建筑工程事故增量，随着城镇基础设施投资力度持续加大，市政基础设施工程事故防控压力将进一步增大。

3. 发生事故的地域

我国建筑施工事故发生次数多，伤亡人数多的地区集中在经济发达的地区，而经济欠发达地区的事故发生数和死亡人数相对较低。基于2011～2015年各省建筑施工事故数量与死亡人数两个指标，进行区域聚类分析，得到四个群集，详见表1-2。群集1和群集2为建筑事故发生严重区域，群集3和群集4所属省份的建筑施工事故数量与伤亡人数相对群集1和2较少。江苏省和浙江省建筑事故死亡人数分别占总事故死亡人数17.91％和16.66％，这是因为两省建筑企业数量较多，总计10582家；而且两省归属于华东区域，经济发展增速快，建筑施工项目多；另外，两省均属于南方地区，适合施工的天数较北方等地区时间长，加之这两个地区夏季高温天数多，这些因素均会使事故发生的概率增大。

2011～2015年我国建筑施工事故省份聚类分析 　　　　表 1-2

集群	省　　份
群集 1	江苏(303)
群集 2	浙江(231)
群集 3	安徽(154)、北京(113)、广东(136)、广西(115)、黑龙江(120)、湖北(156)、上海(157)、新疆(107)、云南(136)、重庆(155)
群集 4	福建(94)、甘肃(73)、贵州(79)、海南(34)、河北(73)、河南(94)、湖南(96)、吉林(90)、江西(85)、辽宁(96)、内蒙古(88)、宁夏(35)、青海(61)、山东(91)、山西(36)、陕西(37)、四川(71)、天津(74)、西藏(15)

1.2.3　国外建设工程安全管理基本情况

建筑业在发达国家同样是比较危险的行业。英国2016年建筑业死亡人数为30人，占总死亡人数的22％。美国2016年建筑业死亡人数累计达991人，占所有行业死亡总人数的19％（尽管各发达国家建筑业从业人数比例占总就业人数的比例都不足10％）。

和我国不同，绝大多数发达国家并没有独立的建筑业行政主管部门。政府对建筑业的管理，主要是采用法律手段和经济手段而较少依靠行政手段。例如英国的建筑业是由政府的贸工部（DTI，Department of Tradeand Industry）进行管理，日本的建筑业则由国土交通省进行管理。

目前全球发达国家建筑安全管理主要有三种主要模式：第一种是美国模式；第二种是英国模式（以英国为代表，包括欧盟、英联邦国家普遍采用）；第三种则是德国模式。

美国政府对职业安全与健康非常重视。在美国1970年通过的OSHAct中明确提出：政府的安全和健康管理的终极目标是"通过各种努力保证全国每个劳动者的健康和安全"。美国政府非常强调政府对安全和健康事务的参与。OSHA把政府制定"职业安全健康标准"作为职业安全健康工作的基础与核心，强调监管部门根据严谨而详尽的法规标准和技术条例对雇主的活动进行严格的检查、协助和处罚。

英国则采用另外一种监管模式。HSC和HSE进行安全和健康管理的出发点和主要原则是：谁造成工作中的危险，谁就要负责对工人和可能被涉及的公众进行保护，因此政府只关注企业和项目是否达到法律法规设定的相应要求，而不会采用强制性技术标准企业规定企业和项目应采用何种技术措施去达到法律法规的要求，这是英国政府和美国政府进行职业安全健康监管时最大的区别。因为政府认为企业才是安全和健康管理的责任主体，政府的主要职责是监察和建议。

以上两种模式都是由政府负责对企业的安全健康工作进行监管和指导。但德国则实行的是有别于以上两种模式的第三种管理模式。德国职业安全健康（德国称劳动保护）实行由政府经济劳动部下设的劳动保护局和职业联合会双元化管理的模式。这种模式是自 1870 年普鲁士王朝开始至今 100 多年的历史演变逐步形成的，在市场经济国家中也是独一无二的。

综合各国的优点，对发达国家这三方面好的实践经验进行系统的总结：

（1）在法律法规体系上，英、美两种模式都具备：一部核心的职业健康安全法（英国的 HSWAct，美国的 OSHAct）；法律的适用范围比较广泛，从项目启动到项目的现场施工都有相关的行政法规，从业主、设计方到承包商的安全责任都有详细的规定（如英国的 CDM，西班牙的 RD1627/1997 法令，欧盟的 EEC92/57 指示）；从法令、行政法规到强制性技术标准层次清晰、相互配套（如美国的 OSHAct 及配套建筑安全与健康标准 CFR1926Standards）；清晰、公正的处罚手段（美国民事罚款的额度调整机制）。

（2）在政府监管体系上，英、美两种模式都具备：分级管理与垂直管理相结合的职业安全与健康管理机构（如英国 HSE 的垂直管理；美国 OSHA 联邦与州分级管理，州内垂直管理）；明确的监管原则与监管手段（如安全检查不事先通知、英国的 EPS 与 EMM）；执法手段分层次，多样化（执法金字塔）；事故统计全面（如美国的 OS-HARecordableaccidents）。

（3）在企业和项目层面上，英、美两种模式都具备：建筑企业完善的自我改进式的安全管理系统（如金门建筑公司的安全管理系统）；业主较普遍的参与安全管理（如美国的项目业主）；设计方初步参与安全管理（如英国 CDM 实施以后）；采用费率调整的保险机制，让保险机构参与安全与健康管理（如德国、美国）；安全中介服务机构发达（如香港、新加坡等地的注册安全主任制度）。

（4）在非主体因素对建筑业的安全与健康的影响上，英、美两种模式都具备：政府通过咨询、培训、教育以及各种安全促进活动，提升安全文化（如美国的 VPP、SHARP；英国的 WWT）；施工机械化程度比较高，工人劳动强度较小，劳动时间缩短；安全防护技术较为先进；市场竞争比较规范，安全投入得到有效保障。

1.3　建设工程安全管理相关理论与方法

1.3.1　安全管理基本原理与原则

安全管理是企业管理的重要组成部分，因此应该遵循企业管理的普遍规律，服从企业管理的基本原理与原则。企业管理学原理是从企业管理的共性出发，对企业管理工作的实质内容进行科学的分析、综合、抽象与概括后所得出的企业管理的规律。原则是根据对客观事物基本原理的认识而引发出来的，需要人们共同遵循的行为规范和准则。企业管理学的原则即是指在企业管理学原理的基础上，指导企业管理活动的通用规则。原理和原则的本质与内涵是一致的。一般来说，原理更基本，更具普遍意义；原则更具体和有行动指导性。下面介绍与企业安全管理有密切关系的两个基本原理与原则。

1. 系统原理

系统原理是现代管理科学中的一个最基本的原理。它是指人们在从事管理工作时，运用系统的观点、理论和方法对管理活动进行充分的系统分析，以达到管理的优化目标，即从系统论的角度来认识和处理企业管理中出现的问题。系统原理要求对管理对象进行系统分析，即从系统观点出发，利用科学的分析方法对所研究的问题进行全面的分析和探索，确定系统目标，列出实现目标的若干可行方案，分析对比提出可行建议，为决策者选择最优方案提供依据。

安全管理系统是企业管理系统的一个子系统，其构成包括各级专兼职安全管理人员、安全防护设施设备、安全管理与事故信息以及安全管理的规章制度、安全操作规程、安全组织机构、安全生产责任制等。安全贯穿于企业各项基本活动之中，安全管理就是为了防止意外的劳动（人、财、物）耗费，保障企业系统经营目标的实现。

运用系统原理的原则可以归纳为如下：

（1）动态相关性原则。对安全管理来说，动态相关性原则的应用可以从两个方面考虑：一方面，正是企业内部各要素处于动态之中并且相互影响和制约，才使得事故有发生的可能。如果各要素都是静止的、无关的，则事故也就无从发生。因此，系统要素的动态相关性是事故发生的根本原因。另一方面，为搞好安全管理，必须掌握与安全有关的所有对象要素之间的动态相关特征，充分利用相关因素的作用。例如：掌握人与设备之间、人与作业环境之间、人与人之间、资金与设施设备改造之间、安全信息与使用者之间等的动态相关性，是实现有效安全管理的前提。

（2）整分合原则。现代高效率的管理必须在整体规划下明确分工，在分工基础上进行有效的综合，这就是整分合原则。该原则的基本要求是充分发挥各要素的潜力，提高企业的整体功能，即首先要从整体功能和整体目标出发，对管理对象有一个全面的了解和谋划；其次，要在整体规划下实行明确的、必要的分工或分解；最后，在分工或分解的基础上，建立内部横向联系或协作，使系统协调配合、综合平衡地运行。其中，分工或分解是关键，综合或协调是保证。整分合原则在安全管理中也有重要的意义。整，就是企业领导在制定整体目标、进行宏观决策时，必须把安全纳入，作为整体规划的一项重要内容加以考虑；分，就是安全管理必须做到明确分工，层层落实，要建立健全安全组织体系和安全生产责任制度，使每个人员都明确目标和责任；合，就是要强化安全管理部门的职能，树立其权威，以保证强有力的协调控制，实现有效综合。

（3）反馈原则。反馈是控制论和系统论的基本概念之一，它是指被控制过程对控制机构的反作用。反馈大量存在于各种系统之中，也是管理中的一种普遍现象，是管理系统达到预期目标的主要条件。反馈原则指的是：成功的高效的管理，离不开灵敏、准确、迅速的反馈。现代企业管理是一项复杂的系统工程，其内部条件和外部环境都在不断变化，所以，管理系统要实现目标，必须根据反馈及时了解这些变化，从而调整系统的状态，保证目标的实现。管理反馈是以信息流动为基础的，及时、准确的反馈所依靠的是完善的管理信息系统。有效的安全管理，应该及时捕捉、反馈各种安全信息，及时采取行动，消除或控制不安全因素，使系统保持安全状态，达到安全生产的目标。用于反馈的信息系统可以是纯手工系统；但是随着计算机技术的发展，现代的信息系统应该是由人和计算机系统组成的匹配良好的人机系统。

（4）封闭原则。在任何一个管理系统内部，管理手段、管理过程等必须构成一个连续封闭的回路，才能形成有效的管理活动，这就是封闭原则。该原则的基本精神是企业系统内各种管理机构之间，各种管理制度、方法之间，必须具有相互制约的关系，管理才能有效。这种制约关系包括各管理职能部门之间和上级对下级的制约。上级本身也要受到相应的制约，否则会助长主观臆断、不负责任的风气，难以保证企业决策和管理的全部活动建立在科学的基础上。

2. 人本原理

人本原理，就是在企业管理活动中必须把人的因素放在首位，体现以人为本的指导思想。由于人为因素导致的事故在工业生产发生事故中占有较大的比例，有的行业甚至高达90％以上，因此，从人因的角度控制和预防事故，对安全的保障发挥重要的作用。以人为本有两层含义：一是所有管理活动均是以人为本体展开的。人既是管理的主体（管理者），又是管理的客体（被管理者），每个人都处在一定的管理层次上，离开人，就无所谓管理。因此，人是管理活动的主要对象和重要资源。二是在管理活动中，作为管理对象的诸要素（资金、物质、时间、信息等）和管理系统的诸环节（组织机构、规章制度等），都是需要人去掌管、运作、推动和实施的。因此，应该根据人的思想和行为规律，运用各种激励手段，充分发挥人的积极性和创造性，挖掘人的内在潜力。

搞好企业安全管理，避免工伤事故与职业病的发生，充分保护企业职工的安全与健康，是人本原理的直接体现。

运用人本原理的原则可以归纳为：

（1）动力原则。推动管理活动的基本力量是人，管理必须有能够激发人的工作能力的动力，这就是动力原则。动力的产生可以来自于物质、精神和信息，相应就有三类基本动力：①物质动力，即以适当的物质利益刺激人的行为动机，达到激发人的积极性的目的。②精神动力，即运用理想、信念、鼓励等精神力量刺激人的行为动机，达到激发人的积极性的目的。③信息动力，即通过信息的获取与交流产生奋起直追或领先他人的行为动机，达到激发人的积极性的目的。

（2）能级原则。现代管理引入"能级"这一物理学概念，认为组织中的单位和个人都具有一定的能量，并且可按能量大小的顺序排列，形成现代管理中的能级。能级原则是说：在管理系统中建立一套合理的能级，即根据各单位和个人能量的大小安排其地位和任务，做到才职相称，才能发挥不同能级的能量，保证结构的稳定性和管理的有效性。管理能级不是人为的假设，而是客观的存在。在运用能级原则时应该做到三点：一是能级的确定必须保证管理系统具有稳定性；二是人才的配备使用必须与能级对应；三是对不同的能级授予不同的权力和责任，给予不同的激励，使其责、权、利与能级相符。

（3）激励原则。管理中的激励就是利用某种外部诱因的刺激调动人的积极性和创造性。以科学的手段，激发人的内在潜力，使其充分发挥出积极性、主动性和创造性，这就是激励原则。企业管理者运用激励原则时，要采用符合人的心理活动和行为活动规律的各种有效的激励措施和手段。企业员工积极性发挥的动力主要来自于三个方面：一是内在动力，指的是企业员工自身的奋斗精神；二是外在压力，指的是外部施加于员工的某种力量，如加薪、降级、表扬、批评、信息等；三是吸引力，指的是那些能够使人产生兴趣和爱好的某种力量。这三种动力是相互联系的，管理者要善于体察和引导，要因人而异、科学合理地采取各种激励方法和激励强度，从而最大限度地发挥出员工的内在潜力。

1.3.2 事故致因理论

为了探索建筑业伤亡事故有效的预防措施，首先必须深入了解和认识事故发生的原因。国外对事故致因理论的研究成果十分丰富，其研究领域属系统安全科学范畴，涉及自然科学、社会科学、人文科学等多个学科领域，应用系统论的观点和方法去研究系统的事故过程，分析事故致因和机理，研究事故的预防和控制策略，事故发生时的急救措施等。事故致因理论是系统安全科学的基石，也是分析我国建筑业事故多发原因的基础。

1. 单因素理论

单因素理论的基本观点认为，事故是由一两个因素引起的，因素是指人或环境（物）的某种特性，其代表性理论主要有：事故倾向性理论、心理动力理论和社会环境理论。

（1）事故频发倾向性理论研究

1919年英国的格林伍德和伍兹对许多工厂里的伤亡事故数据中的事故发生次数按不同的分布进行了统计。结果发现，工人中某些人较其他人更容易发生事故。从这种现象出发，1939年法默等人提出事故频发倾向概念。所谓事故频发倾向，是指个人容易发生事故的、稳定的、个人的内在倾向。而具有事故频发倾向的人称为事故频发者，他们的存在被认为是工业事故发生的原因。1964年海顿等人进一步证明易出事的个人事故倾向性是一种持久的、稳定的个性特征。关于事故频发者存在与否的争议持续了半个多世纪，其最大的弱点是过分强调了人的个性特征在事故中的影响，无视教育与培训在安全管理中的作用。近年来的许多研究结果已经证明，事故频发者并不存在，广泛的批评使这一理论受到排斥。

（2）心理动力理论的研究

这个理论源于弗洛伊德的个性动力理论，认为工人受到伤害的主要原因是刺激所致。其假设是，事故本身是一种无意识的愿望或期望的结果，这种愿望或期望通过事故来象征性地得到满足。要避免事故，就要更改愿望满足的方式，或通过心理分析消除那些破坏性的愿望。这种理论因为无法证实某个特定的机会引起某个特定的事故而被认为是不可行的。

（3）社会环境理论的研究

这一理论1957年由科尔提出，又称"目标—灵活性—机警"理论，即一个人在其工作环境内可设置一个可达到的合理目标，并可具有选择、判断、决定等灵活性，而工作中的机警会避免事故，其基本观点是：一个有益的工作环境能增进安全，认为工人来自社会和环境的压力会分散注意力而导致事故，这种压力包括：工作变更、更换领导、婚姻、死亡、生育、分离、疾病、噪声、照明不良、高温、过冷以及时间紧迫、上下催促等。但科尔没有说明每个因素与事故发生的关系，也没有给"机警"下一个定义，使其理论价值大打折扣。

2. 事故因果链理论

事故因果链理论的基本观点是事故是由一连串因素以因果关系依次发生，就如链式反应的结果。该理论可用多米诺骨牌形象地描述事故及导致伤害的过程，其代表性理论有：海因里希事故因果连锁论、法兰克贝尔德的管理失误连锁论、"4M"理论等。

（1）海因里希事故因果连锁理论

20世纪二三十年代，海因里希把当时美国工业安全实际经验进行总结、概括，上升为理论，提出了所谓的"工业安全公理"，在1941年出版了《工业事故的预防》一书，首先提出了著名的事故发生的连锁反应图（图1-5）。海因里希提出的分析伤亡事故过程的因果链理论（又称为多米诺骨牌理论）认为，伤亡事故是由五个要素按顺序发展的结果。社会环境和传统、人的失误、人的不安全行为和事件是导致事故的连锁原因，就像著名的多米诺骨牌一样，一旦第一张倒下，就会导致第二张、第三张直至第五张骨牌依次倒下，最终导致事故和相应的损失。海因里希同时还指出，控制事故发生的可能性及减少伤害和损失的关键环节在于消除人的不安全行为和物的不安全状态，即抽去第三张骨牌就有可能避免第四和第五张骨牌的倒下。只要消除了人的不安全行为或物的不安全状态，伤亡事故就不会发生，由此造成的人身伤害和经济损失也就无从谈起。这一理论从产生伊始就被广泛应用于安全生产工作之中，被奉为安全生产的经典理论，对后来的安全生产产生了巨大而深远的影响。施工现场要求每天工作开始前必须认真检查施工机具和施工材料，并且保证施工人员处于稳定的工作状态，正是这一原则在建筑业安全管理中的应用和体现。

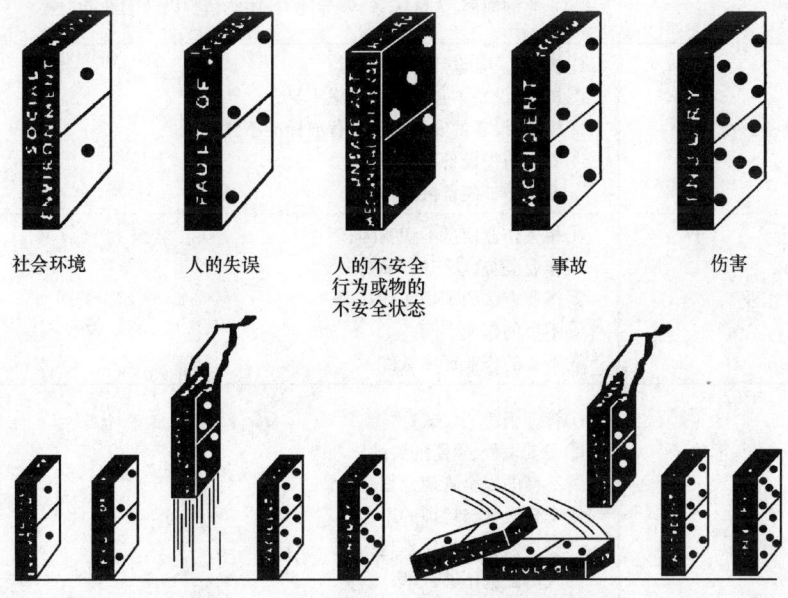

图1-5　海因里希事故发生的连锁反应图

他阐述了事故发生的因果连锁论，事故致因中的人与物的问题，事故发生频率与伤害严重度之间的关系，不安全行为的产生原因，安全管理工作与企业其他管理工作之间的关系，进行安全工作的基本责任，以及安全生产之间的关系等安全中最基本、最重要的问题。海因里希用因果连锁链理论说明事故致因，虽然显得过于简单，且追究遗传因素等原因，反映了对工人的偏见，但其对事故发生因果等关系的描述方法和控制事故的关键在于打断事故因果连锁链中间一环的观点，对于事故调查和预防是很有帮助的。

（2）法兰克贝尔德的管理失误理论

海因里希的事故因果连锁理论在学术界引起轰动，许多人对此理论进行改进研究，其中最成功的是法兰克贝尔德提出的管理失误连锁理论。此理论不是过分地追求遗传因素，而是强调安全管理是事故连锁反应的最重要因素，是可能引起伤害事故的重要原因。他认为，尽管人的不安全行为和物的不安全状态是导致事故的重要原因，必须认真追究，却不过是其背后原因的征兆，是一种表面现象。他认为事故的根本原因是管理失误。管理失误主要表现在对导致事故的根本原因控制不足，也可以说是对危险源控制不足。

（3）"4M"理论

"4M"理论将事故连锁反应理论中的"深层原因"进一步分析，将其归纳为四大因素，即人的因素（Man）、设备的因素（Machine）、作业的因素（Media）和管理的因素（Management）（具体内容见表1-3）。

"4M"理论中事故原因的具体内容

表 1-3

人的因素	①心理的原因：忘却、烦恼、无意识行为、危险感觉、省略行为、臆测判断、错误等； ②生理的原因：疲劳、睡眠不足、身体机能障碍、疾病、年龄增长等； ③职业的原因：人际关系、领导能力、团队精神以及沟通能力等
设备—物	①机械、设备设计上的缺陷； ②机械、设备本身安全性考虑不足； ③机械、设备的安全操作规程或标准不健全； ④安全防护设备有缺陷； ⑤安全防护装备供给不足
作业	①相关作业信息不切实际； ②作业姿势、动作的欠缺； ③作业方法的不切实际； ④不良的作业空间； ⑤不良的作业环境条件
管理	①管理组织的欠缺； ②安全规程、手册的欠缺； ③不良的安全管理计划； ④安全教育与培训的不足； ⑤安全监督与指导不足； ⑥人员配置不够合理； ⑦不良的职业健康管理

结合海因里希、法兰克贝尔德以及"4M"理论等事故链理论的研究成果，可以将事故连锁反应表示为五个前后衔接并有因果关系的不同因素，分别是①"伤害"，即事故带来的各种损失，包括人员伤亡和经济损失；而导致"伤害"的原因是②"事故"的发生，即人员与危险物体或环境相接触产生；而导致"事故"的原因是③"人的不安全行为和物的不安全状态"，即诱发事故的直接原因；再向前追溯到诱发事故的深层原因，即由④"人、设备、作业及管理的不良因素"造成；归根到底导致事故发生的根本原因是⑤"安全管理存在缺陷"。按照逻辑关系可以将事故连锁反应归纳为"安全管理缺陷"→（产生）→"深层原因"→（引发）→"直接原因"→（导致）→"事故"→（造成）→"伤害"（图1-6）。即：

① 伤害——生命、健康、经济上的损失；
② 事故——人员如危险物体或环境接触；
③ 直接原因——人的不安全行为和物的不安全状态；
④ 深层原因——人、设备及管理的不良因素；
⑤ 根本原因——安全管理的缺陷。

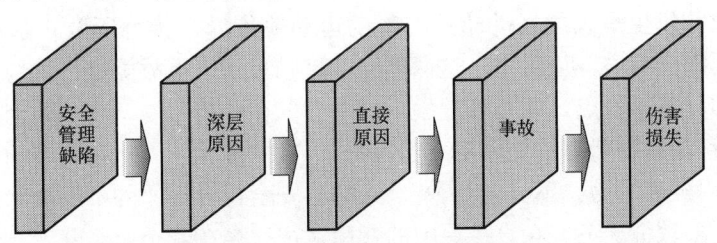

图 1-6　事故连锁反应理论

3. 多重因素——流行病学理论

所谓流行病学，是一门研究流行病的传染源、传播途径及预防的科学。它的研究内容与范围包括：研究传染病在人群中的分布，阐明传染病在特定时间、地点、条件下的流行规律，探讨病因与性质并估计患病的危险性，探索影响疾病流行的因素，拟定防疫措施等。1949年葛登提出事故致因的流行病学理论。该理论认为，工伤事故与流行病的发生相似，与人员、设施及环境条件有关，有一定分布规律，往往集中在一定时间和地点发生。葛登主张，可以用流行病学方法研究事故原因，及研究当事人的特征（包括年龄、性别、生理、心理状况），环境特征（如工作的地理环境、社会状况、气候季节等）和媒介特征。他把"媒介"定义为促成事故的能量，即构成事故伤害的来源，如机械能、热能、电能和辐射能等。能量与流行病中媒介（病毒、细菌、毒物）一样都是事故或疾病的瞬间原因。其区别在于，疾病的媒介总是有害的，而能量在大多数情况下是有益的，是输出效能的动力。仅当能量逆流外泄于人体的偶然情况下，才是事故发生的源点和媒介。

采用流行病学的研究方法，事故的研究对象，不只是个体，更重视由个体组成的群体，特别是"敏感"人群。研究目的是探索危险因素与环境及当事人（人群）之间相互作用，从复杂的多重因素关系中，揭示事故发生及分布的规律，进而研究防范事故的措施。

这种理论比前述几种事故致因理论更具理论上的先进性。它明确承认原因因素间的关系特征，认为事故是由当事人群、环境与媒介等三类变量组中某些因素相互作用的结果，由此推动这三类因素的调查、统计与研究。该理论不足之处在于上述三类因素必须占有大量的内容，必须拥有足量的样本进行统计与评价，而在这些方面，该理论缺乏明确的指导。

4. 系统理论

系统理论认为，研究事故原因，须运用系统论、控制论和信息论的方法，探索人—机—环境之间的相互作用、反馈和调整，辨识事故将要发生时系统的状态特性，特别是与人的感觉、记忆、理解和行为响应等有关的过程特性，从而分清事故的主次原因，使预防事故更为有效。通常用模型（图、符号或模拟法）表达，通过模型结构能表达各因素之间的相互作用与关系。较具代表性的系统理论有：轨迹交叉理论、人的失误模型及其下属扩展、P理论、能量释放理论、事故致因突变理论等。

（1）轨迹交叉理论

日本劳动省在分析大量事故的形成过程的基础上，提出了"轨迹交叉理论"。该理论认为，事故的发生是人的运动轨迹与物的运动轨迹异常接触所致，是物直接接触于人，或是人暴露于有害环境之中。这两类异常接触表示了事故类型。人与物两运动轨迹的交叉点（即异常接触点）就是事故发生的时空。在此模型中，物的原因被表示为"不安全状态"。存在这种状态的物体叫"起因物"，直接接触于人施以伤害的物体叫"施害物"。人的原因被表示为"不安全行为"。人的不安全行为与物的不安全状态是造成事故的直接原因。多数情况下，在直接原因的背后，往往存在着企业经营者、管理监督者在安全管理上的缺陷，这是造成事故的本质原因。因为发生事故，问题必定是发生事故的人或有关人员不知道、不会做或不去做，而所有这些问题本应该可以通过培训或管理监督来解决。就事故而言，问题的关键在于为什么会产生不安全状态和不安全行为，最重要的是研究管理者能否在事故前采取预防措施。上述问题不解决，事故势必还会重演。

（2）人的失误模型及其扩展研究

人失误是指人的行为的结果偏离了规定的目标，超出了可接受的界限，并产生不良影响，进而导致事故发生。人因失误模型具有代表性的模型主要有：瑟利模型、威格里斯沃思模型、劳伦斯模型。

J. 瑟利于1969年提出S-O-R模型，对一个事故，瑟利模型考虑两组问题，每组问题共有三个心理学成分：对事件的感知（刺激，S）；对事件的理解（认知，O）；对事件的行为响应（输出，R）。第一组关系到危险的构成，以及与此危险相关的感觉的认识和行为的响应。第二组关系到危险放出期间若不能避免危险，则将产生伤害或损失。

威格里斯沃思模型：由威格里斯沃思在1973年提出，"人失误构成了所有类型事故的基础"。他将人失误定义为"错误地或不适当地响应一个外界刺激"。在生产操作过程中，各种各样的信息不断地作用于操作者的感官，给操作者以"刺激"。若操作者能对刺激作出正确的响应，事故就不会发生；反之，如果错误或不恰当地响应了一个刺激（人失误），就有可能出现危险。危险是否会带来伤害事故，则取决于一些随机因素。

劳伦斯模型：该模型适用于矿山等多人作业生产方式的领域。在多人生产方式下，危险主要来自于自然环境，而人的控制能力相对有限，在许多情况下，人们唯一的对策是迅速撤离危险区域。

（3）P理论（扰动理论）

P理论是"扰动理论"的简称，扰动指外界影响的变化。人和机械（设备）有适应外界影响变化的能力，有响应外界影响的变化做出调节的能力，使过程在动态平稳状态中稳定地进行。但这种能力是有限度的。当外界影响的变化超过了行为者（人、机）的这种适应调节能力限度，就会破坏动态平衡过程，从而开始事故过程。本纳和劳伦斯指出，用有限的几颗骨牌，只能反映事故不同层次原因间的连锁关系，而不能反映事故发生全过程。事故是由众多原因经历相当复杂的过程，包含许多串联或者并联的因果关系，包含多重中断或没有中断的发展过程。事故过程中的一个事件（如某一行为者相继受到伤害或损坏），可能导致下一个事件发生（如导致另一个行为者相继受到伤害或损坏），直到事故过程结束。这种把事故看作由扰动开始，相互关联的事件相继发生，直到伤害或损坏而结束的过程，就是P理论的观点。被称为"扰动"的外界影响的变化包括社会环境变化、自然环境变化、宏观经济和/或微观经济的变化、时间的变化、空间的变化、技术的变化、劳动组织的变化、人员的变化和操作规程的变化等。

（4）能量意外释放论的研究

能量在生产过程中是不可缺少的，人类利用能量做功以实现生产目的。人类为了利用能量做功，必须控制能量。在正常生产过程中，能量受到种种制约的限制，按照人们的意志流动、转换和做功。如果由于某种原因能量失去了控制，超越了人们设置的约束或限制而意外地逸出或释放，则称发生了事故，这种对事故发生机理的解释被称作能量释放论。美国矿山局的扎贝塔基姆斯调查了大量伤亡事故后发现，大多数伤亡事故发生都是由于过量的能量或干扰人体与外界能量交换的危险物质的意外释放引起的，并且毫无例外地，这种过量的能量或危险物质的释放都是由于人的不安全行为或物的不安全状态引起的。即人的不安全行为或物的不安全状态破坏对能量或危险物质的控制，是导致能量或危险物质意外释放的直接原因。

1961年吉普森提出了"事故是一种不正常的或不希望的能量转移"的观点，1966年美国运输部国家安全局局长哈登引申了这个观点，各种不同形式的能量是工业生产的重要动力，但一旦产生逆流，与人体接触，就可能导致伤害。哈登认为，在一定条件下，某种形式的能量逆流于人体能否导致伤害，造成伤害事故，应取决于：人碰触能量的大小、接触时间与频率、力的集中程度。由此，他提出预防能量转移的安全技术措施可用屏障树（即防护体系）的理论加以阐明，并认为屏障设置越早，效果越好。目前屏障树理论在防止不希望的能量转移方面，已获得广泛应用。例如，运用限制运动、转动的速度，限制电压，限制浓度等来限制能量；用熔丝、接地、尖端放电等防止能量积蓄；用密封、绝缘、安全带等防止能量释放；用安全阀、减振装置、消声器等对能源设置屏障；用栏杆、防火门等在人与能源间设置屏障；用安全帽、防护靴、防毒面具等在被保护对象上设置屏障；用耐火材料、提高人员的生理心理素质等来提高承受能量的阈值。这些安全防护技术的成功运用，避免了大量伤害事故的发生。

总之，把伤害事故的原因归结为"不正常、不希望的能量转移"，简明客观。由此可针对一种能量的形式研究出通用的防护措施；按不同形式的能量区分事故模式，比惯用的统计分类更明了；对某种能量形式，可以清晰地评价其危险性并制定相应的预防措施；可以像分析系统能量传递那样追踪能源；使人们更加注重能量积蓄与释放的机理；提醒人们注意在生产建设过程中所有种类能量的使用变化与相互作用。问题是大多数伤害事故是由动能失控转移引起的，这给伤亡事故的统计分析带来困难。

（5）事故致因突变模型的研究

一些学者研究系统安全时引入突变理论，从而建立事故致因的突变模型。目前，突变理论应用到系统安全中，主要是尖点突变模型。事故致因的突变模型认为事故的发生是由于人的因素（人的心理与生理状态、安全意识、安全教育、管理水平、应变能力、身体素质等）共同作用的结果。把人的因素 H 和物的因素 M 作为两个控制变量，把生产能力或系统功能 F 作为状态参数。事故致因的突变模型较以往的事故致因理论有所改进，主要表现在它能解释系统连续变化过程中系统状态出现的突然变化。有关文献对用这一模型来描述灾变时系统状态变化进行了论证和可行性分析。

5. 其他事故致因理论

（1）惠廷顿的失效理论

惠廷顿等人将事故致因过程简化成为失效发生的过程，包括个体失效，现场管理失效，项目管理失效和政策失效。他们认为不明智的管理决策和不充分的管理控制是许多建筑事故发生的主要原因。

（2）雷默的事故致因理论

雷默在他的建筑事故致因模型中（图 1-7）将事故的原因分成了直接原因和间接原因，但并没有指出两类原因之间的关系。方东平在对建筑安全事故致因进行简化的基础上，提出了直接原因可以完全被间接原因加以解释的假设（图 1-8）。

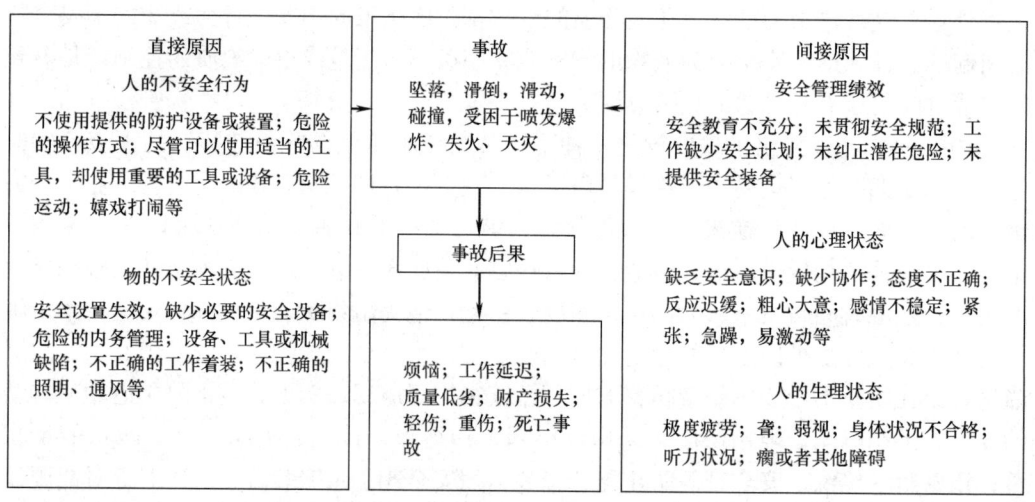

图 1-7　雷默的建筑事故致因模型

（3）斯蒂夫的建筑事故致因随机模型

斯蒂夫从约束-反应的角度提出了建筑事故致因随机模型，并利用事故记录对模型

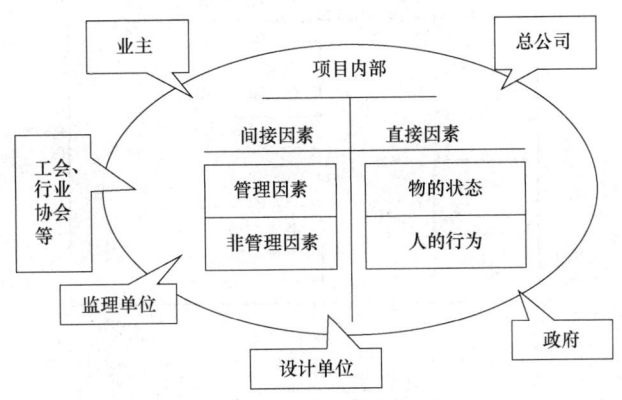

图 1-8　事故间接致因模型

的有效性进行了验证（图 1-9）。

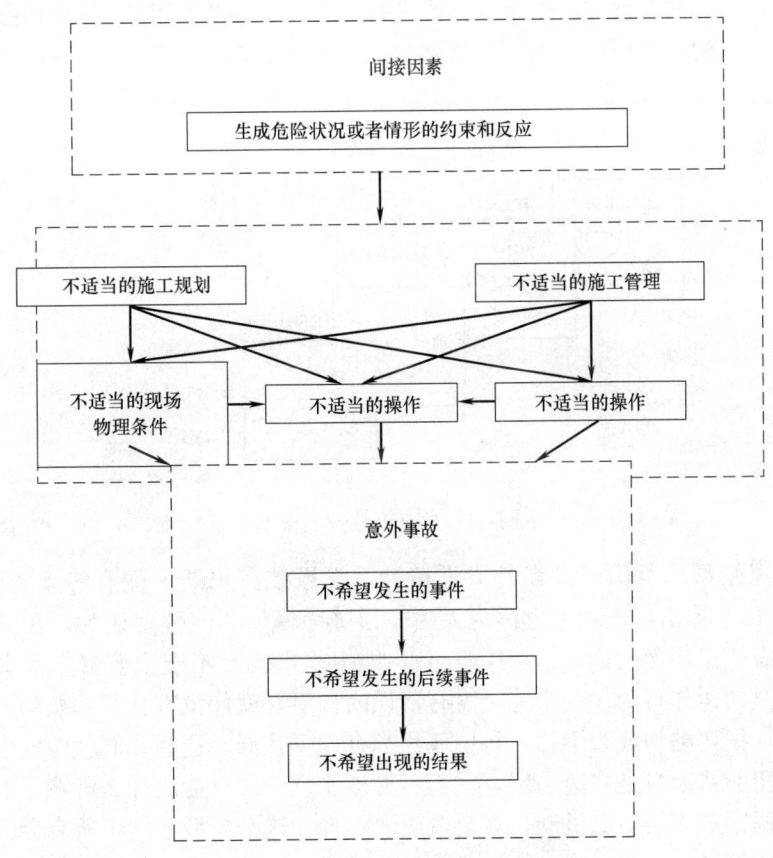

图 1-9　斯蒂夫的建筑事故致因随机模型

（4）注意力分散模型

注意力分散模型认为，物理危险或工人精神不集中导致注意力分散是导致建筑事故发生的主要原因（图 1-10）。

（5）瑞士奶酪（薄板漏洞）理论

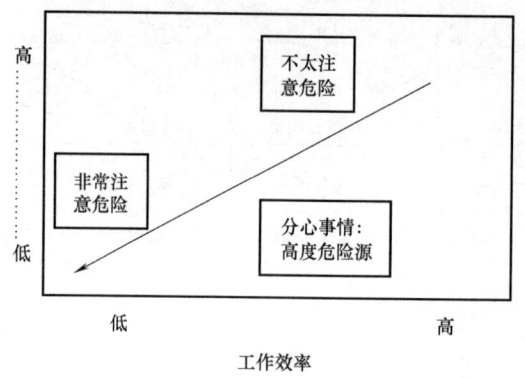

图 1-10　精神分散理论在危险环境中的应用

　　瑞士奶酪模型：也叫瑞森模型（图 1-11），意思是放在一起的若干片奶酪，光线很难穿透，但每片奶酪上都有若干个洞，代表每一个作业环节所可能产生的失误或技术上存在的短板，当失误发生或技术短板暴露时，光线就会叠穿过第二片奶酪，当许多片的奶酪的洞刚好形成串联关系时，光线就会穿过，也就代表着发生了安全事故或质量事故。

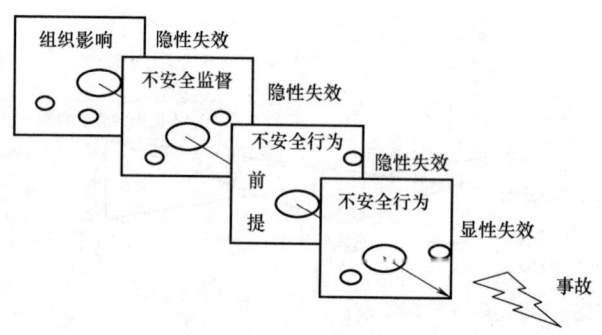

图 1-11　瑞森事故致因模型

　　瑞士奶酪模型由英国曼彻斯特大学精神医学教授詹姆斯·瑞森等人于 1990 年在"Human Error"提出，该理论也称为人因失误屏障模型。该模型认为，在一个组织中事故的发生有 4 个层面的因素（4 片奶酪），即组织影响、不安全监督、不安全行为的前兆、不安全的操作行为。一个完全没有错误的世界，就像没有孔洞的奶酪一样。在真实的世界里，把奶酪切成若干片，每层薄片都有许多孔洞，这些孔洞就像发生错误的管道。如果所犯的错误只是穿透一层，就不容易被注意到或是造成什么影响。如果这个错误造成的孔洞穿透多层防御机制，就会造成大灾难。这个模型适用于所有会因为失误造成致命后果的领域。

　　瑞森等认为，在一个组织中如果建立多层防御体系，各个层面的防御对于缺陷或者漏洞互相拦截，系统就不会因为单一的不安全行为出现故障。从瑞士奶酪（薄板漏洞）理论得到启示：不要盲目相信上一环节提供的输出是"必然的合格"，而是要不折不扣地对其进行把关。避免失效、消除缺陷、补好漏洞就能有效地防范事故。企业管理应当利用瑞士奶酪（薄板漏洞）理论全面查清内部控制各个工作环节中存在的漏洞，注重内部控制系统观和整体化建设，构筑严密的企业内控体系，防止内控失效。

1.3.3 事故预防原理与对策

1. 事故预防原理的含义

安全管理工作应当以预防为主，即通过有效的管理和技术手段，防止人的不安全行为和物的不安全状态出现，从而使事故发生的概率降到最低，这就是预防原理。安全管理以预防为主，其基本出发点源自生产过程中的事故是能够预防的观点。除了自然灾害以外，凡是由于人类自身的活动而造成的危害，总有其产生的因果关系，探索事故的原因，采取有效的对策，原则上讲就能够预防事故的发生。由于预防是事前的工作，因此正确性和有效性就十分重要。

事故预防包括两个方面：第一，对重复性事故的预防，即对已发生事故的分析，寻求事故发生的原因及其相互关系，提出防范类似事故重复发生的措施，避免此类事故再次发生；第二，对预计可能出现事故的预防，此类事故预防主要只对可能将要发生的事故进行预测，即要查出由哪些危险因素组合，并对可能导致什么类型事故进行研究，模拟事故发生过程，提出消除危险因素的办法，避免事故发生。

2. 事故预防的基本原则

（1）偶然损失原则。事故所产生的后果（人员伤亡、健康损害、物质损失等），以及后果的大小如何，都是随机的，是难以预测的。反复发生的同类事故，并不一定产生相同的后果，这就是事故损失的偶然性。关于人身事故，美国学者海因里希调查指出：对于跌倒这样的事故，如果反复发生，则存在这样的后果：在330次跌倒中，无伤害300次，轻伤29次，重伤1次。这就是著名的海因里希法则，或者称为"事故三角形法则"。该法则的重要意义在于指出事故与伤害后果之间存在着偶然性的概率原则。

根据事故损失的偶然性，可得到安全管理上的偶然损失原则：无论事故是否造成了损失，为了防止事故损失的发生，唯一的办法是防止事故再次发生。这个原则强调，在安全管理实践中，一定要重视各类事故，包括险肇事故，只有将险肇事故都控制住，才能真正防止事故损失的发生。

（2）因果关系原则。事故是许多因素互为因果连续发生的最终结果。一个因素是前一因素的结果，而又是后一因素的原因，环环相扣，导致事故的发生。事故的因果关系决定了事故发生的必然性，即事故因素及其因果关系的存在决定了事故或迟或必然要发生。掌握事故的因果关系，砍断事故因素的环链，就消除了事故发生的必然性，就可能防止事故的发生。事故的必然性中包含着规律性。必然性来自于因果关系，深入调查、了解事故因素的因果关系，就可以发现事故发生的客观规律，从而为防止事故发生提供依据。应用数理统计方法，收集尽可能多的事故案例进行统计分析，就可以从总体上找出带有规律性的问题，为宏观安全决策奠定基础，为改进安全工作指明方向，从而做到"预防为主"，实现安全生产。从事故的因果关系中认识必然性，发现事故发生的规律性，变不安全条件为安全条件，把事故消灭在早期起因阶段，这就是因果关系原则。

（3）3E原则。造成人的不安全行为和物的不安全状态的主要原因可归结为四个方面：第一，技术的原因。其中包括：作业环境不良（照明、温度、湿度、通风、噪声、振动等），物料堆放杂乱，作业空间狭小，设备工具有缺陷并缺乏保养，防护与报警装置的配备和维护存在技术缺陷。第二，教育的原因。其中包括：缺乏安全生产的知识和经验，作业技术、技能不熟练等。第三，身体和态度的原因。其中包括：生理状态或健康状态不佳，如听力、视力不良，反应迟钝，疾病、醉酒、疲劳等生理机能障碍；急慢、反抗、不满等情绪，消极或亢奋的工作态度等。第四，管理的原因。其中包括：企业主要领导人对安全不重视，人事配备不完善，操作规程不合适，安全规程缺乏或执行不力等。

针对这四个方面的原因，可以采取三种防止对策，即工程技术（Engineering）对策、教育（Education）对策和法制（Enforcement）对策。这三种对策就是所谓的3E原则。

（4）本质安全化原则。本质安全化原则来源于本质安全化理论。该原则的含义是指从一开始阶段和从本质上实现了安全化，就可从根本上消除事故发生的可能性，从而达到预防事故发生的目的。本质安全化是安全管理预防原理的根本体现，也是安全管理的最高境界，实际上目前还很难做到，但是我们应该坚持这一原则。本质安全化的含义也不仅局限于设备、设施或技术工艺的狭义的本质安全化，而应扩展到诸如新建工程项目，交通运输，新技术、新工艺、新材料的应用，甚至包括人们的日常生活等各个领域中。

3. 事故预防对策

根据事故预防的"3E"原则，目前普遍采用以下三种事故预防对策，即技术对策：是运用工程技术手段消除生产设施设备的不安全因素，改善作业环境条件、完善防护与报警装置，实现生产条件的安全和卫生；教育对策是提供各种层次的、各种形式和内容的教育和训练，使职工牢固树立"安全第一"的思想，掌握安全生产所必需的知识和技能；法制对策是利用法律、规程、标准以及规章制度等必要的强制性手段约束人们的行为，从而达到消除不重视安全、违章作业等现象的目的。

在应用3E原则预防事故时，应该针对人的不安全行为和物的不安全状态的四种原因，综合地、灵活地运用这三种对策，不要片面强调其中某一个对策。技术手段和管理手段对预防事故来说并不是割裂的，而是相互促进，预防事故既要采用基于自然科学的工程技术，也要采取社会人文、心理行为等管理手段，否则，事故预防的效果难以达到理想状态。

1.4 我国建设工程安全管理展望

当前，我国仍处于新型工业化、城镇化持续推进的过程中，安全生产工作面临许多挑战。一是经济社会发展、城乡和区域发展不平衡，安全监管体制机制不完善，全社会安全意识、法治意识不强等深层次问题没有得到根本解决。二是生产经营规模不断扩大，矿山、化工等高危行业比重大，落后工艺、技术、装备和产能大量存在，各类事故隐患和安全风险交织叠加，安全生产基础依然薄弱。三是城市规模日益扩大，结构日趋复杂，城市建设、轨道交通、油气输送管道、危旧房屋、玻璃幕墙、电梯设备以及人员密集场所等安全风险突出，城市安全管理难度增大。四是传统和新型生产经营方式并存，新工艺、新装备、新材料、新技术广泛应用，新业态大量涌现，增加了事故成因的数量，复合型事故有所增多，重特大事故由传统高危行业领域向其他行业领域蔓延。五是安全监管监察能力与经济社会发展不相适应，企业主体责任不落实、监管环节有漏洞、法律法规不健全、执法监督不到位等问题依然突出，安全监管执法的规范化、权威性亟待增强。

建设工程安全管理工作必须坚持以习近平新时代中国特色社会主义思想为指导，全面贯彻落实党的十九大精神，认真贯彻落实党中央、国务院决策部署，牢固树立安全发展理念，大力弘扬生命至上、安全第一的思想，以贯彻落实《中共中央国务院关于推进安全生产领域改革发展的意见》为抓手，以防范遏制重特大事故为重点，健全安全生产责任制，完善安全监管体制机制和法治体系，强化安全风险防控和社会共治，加强安全基础能力建设，进一步提升安全生产工作水平。

1.4.1　指导思想

一是落实"以人为本"和"安全发展"的理念。"以人为本"首先是以人的生命安全为本，建筑业的生产安全对产业的健康发展、百姓的生活幸福、社会的和谐稳定都具有重要影响，必须贯穿和强化"只有保障安全的建筑业发展才是持续、健康的发展，建筑业的发展绝对不能以牺牲建筑劳动者的生命和健康为代价"的发展理念。

二是落实"安全第一、预防为主、综合治理"的方针。"安全第一"要求的落实在于能不能真正做到"预防为主"，防患于未然。"综合治理"是落实"预防为主"的有效途径，安全生产必须综合运用法律、经济、科技、行政手段和教育手段，推动"五要素"落实到位，才能真正实现"安全第一、预防为主、综合治理"的长效机制。

三是落实"两个主体"和"两个负责"的安全工作基本责任制度。安全生产各项制度和管理要素的真正到位，关键还是依靠主体责任的落实。安全管理中，企业是安全生产的责任主体，政府是安全生产的监管主体。强化"两个责任制"的落实，必须正确把握"两个主体"在安全生产中的地位、各自应承担的职责，以及"两个主体"责任之间的相互关系。

1.4.2　建立完善的法规标准体系

1. 梳理和分析法律法规体系中的法律规范性文件

认真对当前我国建筑安全生产法规体系中各个层次的法律规范性文件进行梳理、分析，辨识哪些尚需完善修改、哪些尚需制定配套文件，哪些领域还存在法规缺位现象，哪些领域技术标准尚未制定，以及这些法律规范性文件在实施过程中存在哪些问题，并将上述情况和问题进行分类整理，分析这些问题的主要原因，提出整改方案，为完善我国建筑安全生产法规体系提供事实依据和建议途径。

2. 加快修改、完善有关的法律法规

首先，完善《安全生产法》和《建筑法》，将"综合治理"安全生产方针纳入《建筑法》，扩大调整范围，补充安全生产许可制度、各方主体安全责任制度等基本制度；其次，适时修改《建设工程安全生产条例》，持续细化《安全生产法实施条例》，进一步强化建设单位、监理单位的安全责任，细化对有关内容的描述和规定；第三，根据新的法律法规修改《建筑业企业资质管理规定》、《建筑工程施工许可证管理办法》等部门规章。

3. 根据实际需要研究制定配套性法规或规章

首先，基于《安全生产法》、《建设工程安全生产管理条例》等，强化深基坑、高支模等危险性较大的分部分项工程安全管理，持续完善配套的法规规章，如《建筑起重机械安全监督管理规定》、《危险性较大的分部分项工程安全管理规定》、《建筑施工企业主要负责人、项目负责人和专职安全生产管理人员安全管理规定》、《建筑施工企业安全生产管理机构设置及专职安全生产管理人员配备办法》等；其次，对于一些法律法规没有规定，但对于当前建筑安全生产管理工作又十分必要的领域，可以充分利用部门规章的灵活性和法律有效性特点，研究制定相应的部门规章，充分发挥这一位阶法律文件的作用，如制定《建筑意外伤害保险管理办法》、《安全生产监督检查办法》、《建设工程重大事故处罚规定》、《建筑工程安全防护、文明施工措施费用管理规定》等。

4. 加快制定、修订有关技术标准，提高标准的法律效力

加紧出台《建筑施工安全技术统一规范》、《建筑模板工程技术规范》、《土石方工程施工安全技术规范》、《铝合金模板安全技术规范》、《轮扣式脚手架安全技术规范》等技术标准，并对《建筑施工企业安全管理规范》、《建筑安装工程安全技术规程》、《建筑施工安全检查标准》、《建筑企业安全生产评价标准》、《建筑施工碗扣式钢管脚手架安全技术规范》、《建筑施工木脚手架安全技术规范》等标准进行适时的修改、完善。同时，在出台新的标准和修改旧的标准时，规定安全标准均为强制性标准，或者大幅度的增加强制性条义的数量，以提高技术标准的法律效力。

5. 增强当前安全生产行政处罚的可操作性

（1）明确停业整顿、暂扣安全生产许可证等行政处罚的具体含义。以上两种处罚均是针对企业而言的，往往在建筑行业难以操作和执行。企业一旦被实施上述两种处罚，整个企业在全国各地的所有项目都必须停止生产，这基本上是不现实的。所以有必要重新对上述两种处罚的含义做出诠释，即企业发生事故被停业整顿或者暂扣安全生产许可证后，都是发生事故的工程项目停工整改，整改合格后继续施工，其他项目也继续完成施工，但是在停业整顿或者暂扣安全生产许可证期间，该企业不得在市场上参加招投标、承揽新的任务。但是，如果企业被处以吊销安全生产许可证的处罚，则必须停止一切施工活动，不得承揽新的任务，且一定期限内不得重新申请安全许可证。

（2）对于跨度过大的罚款等处罚，应具体规定出不同的情节和档次。如《建设工程安全生产管理条例》中对建设单位的罚款，对施工单位主要负责人的罚款等跨度都比较大，需要规定不同的情节下的罚款具体数额，具体内容可以在较低位阶的法律规范性文件如部门规章中规定。美国对建筑安全生产处罚种类中，也有跨度较大的罚则，例如对于雇主故意违规造成雇员死亡的处罚为5000～70000美元，但是同时规定了5种不同的情况，如再犯、篡改记录、攻击检察人员等，每种情况分别给予不同数量的处罚，执行起来比较方便。

（3）根据建筑业的特点，应当强化对个人从业资格的处罚。对企业的安全生产许可证或者资质证书进行处罚，往往针对性不强，牵动面过大，带来许多次生问题，因此强化对个人从业资格的处罚应当是建筑安全行政处罚的发展趋势。例如，规定施工单位发生特大恶性事故的，其主要负责人终身不得承担施工企业主要负责人职务，发生事故的项目经理终身不得从事建筑行业活动等，这样既对有关责任人进行了责任追究，又不致因对企业的处罚导致工人失业等问题发生。

（4）尽快研究制定建设工程重大事故处罚细则。由于执法人员不同、自由裁量权过大、有关方面干预行政处罚工作等原因，导致了同样情节不同处罚的情况，因此建议通过部门规章形式制定建设工程重大事故处罚细则，对不同情节处以何种类别、何种程度的行政处罚需加以明确规定，将处罚的原则固化为法律条文，最大限度地减少执法者的自由裁量范围，既可以减少各类因素对处罚过程的干扰，又便于执法人员科学的掌握处罚尺度。

6. 推进建筑业安全生产标准化建设

建筑施工安全生产标准化是指建筑施工企业在建筑施工活动中，贯彻执行建筑施工安全法律法规和标准规范，建立企业和项目安全生产责任制，制定安全管理制度和操作规程，监控危险性较大分部分项工程，排查治理安全生产隐患，使人、机、物、环始终处于安全状态，形成过程控制、持续改进的安全管理机制。

开展安全生产标准化工作，应遵循"安全第一，预防为主，综合治理"的方针，落实企业主体责任。以安全风险管理、隐患排查治理、职业病危害防治为基础，以安全生产责任制为核心，建立安全生产标准化管理体系，实现全员参与，全面提升安全生产管理水平，持续改进安全生产工作，不断提升安全生产绩效，预防和减少事故的发生，保障人身安全健康，保证生产经营活动的有序进行。应采用"策划、实施、检查、改进"的"PDCA"动态循环模式，按照标准化的规定，结合企业自身特点，自主建立并保持安全生产标准化管理体系，通过自我检查、自我纠正和自我完善，构建安全生产长效机制，持续提升安全生产绩效。推进建筑施工安全生产标准化建设，需要不断提升标准化考评覆盖率和考评质量，加紧研究制定标准化建设指导手册。

1.4.3 加强政府安全监管职能

1. 明确界定政府建设安全生产综合管理和行业管理的职责范围

（1）按照"管行业必须管安全、管业务必须管安全、管生产经营必须管安全"和"谁主管谁负责"的原则，明确综合管理和行业管理的具体范围，消除行业监管空白。建议安全生产监督管理部门进一步明确和有专门行业主管部门的安全生产工作协调，安全生产监督管理部门的工作范围应包括：制定和指导实施国家或地方综合性的安全生产规划，组织起草安全生产方面综合性法律和法规或有关地方性法规、规章，指导和监督有关部门贯彻落实安全生产法律法规以及党和国家的安全生产方针政策，检查有关部门安全生产工作进展情况，协调各有关部门在某些领域的安全生产工作。应当特别强调的是，安全生产监督管理部门从综合监督管理安全生产工作的角度，指导、协调和监督有关部门的安全生产监督管理工作，并不取代这些部门具体的安全生产的监管主体和责任。此外，应当尽快明确无行业主管部门建设工程（如纺织、冶金等）安全生产的监管主体和责任，建议：充分发挥行业协会的作用，由安全生产监督管理部门授权行业协会对该行业进行安全生产的监管；安全生产监督管理部门指导和监督行业协会贯彻落实安全生产法律法规以及党和国家的安全生产方针政策，检查行业协会安全生产工作进展情况。

（2）各行业主管部门的权利与职责应协调统一，建立以住房城乡建设部为主体的多方协作机制。例如，目前住房城乡建设部负责对所有行业建筑施工企业《安全生产许可证》的发放与管理工作，但住房城乡建设部只承担房屋建设及市政工程领域的安全监管责任，这一监管权责范围上的错位使其他专业建设工程的行业主管部门有责而无权，其监管职能缺乏必要的法律效力。建议应贯彻"综合治理"的工作方针，赋予专业建设行业主管部门一定的行政处罚权力，更多地参与建筑施工企业《安全生产许可证》的监管工作，可向建设行政主管部门（住房城乡建设部）提出暂扣发生安全事故的施工企业的《安全生产许可证》，或者将事故企业列入该专业建设行业的施工企业黑名单中，屏蔽安全管理水平较差的施工企业，提高各专业建筑市场的行业门槛。

2. 明确建设工程安全生产监督机构的职能定位

《建设工程安全生产条例》规定，"建设行政主管部门或者有关部门可以将施工现场的监督检查委托给建设工程安全监督管理机构具体实施"。实际上目前我国建设工程安全生产监督管理机构从事的工作大都具有政府的职能，如行政许可、行政处罚等，但是机构的性质大都为自收自支的事业单位，这既与上述规定不相符合，也不符合《行政处罚法》、《行政许可法》关于行政执法委托单位和行政许可实施机关的要求。因此，应在修改《建筑法》和《建设工程安全生产管理条例》时，明确"建设工程安全生产监督管理，可以由建设行政主管部门或者其他有关部门及其建设工程安全生产监督管理机构具体实施"，即由当前的行政委托执法转变为法律法规授权执法，使建设工程安全生产监督机构成为法律法规授权的组织，解决当前建设工程安全监督机构的法律地位、机构资格和工作职责等方面的问题。

同时，应依法将建设工程安全生产监督机构由目前的自收自支的事业单位转变为财政全额拨款的事业单位，从体制上解决建设工程安全生产监督机构的编制、经费问题，有效防止"执法经济"、"执法产业"现象的出现。

在解决以上问题后，还应制定专门的法律规定，对建设工程安全生产监督机构的设定条件、具体工作职责、监督执法人员的数量、资格要求、机构和人员的考核管理等做出详细规定，推动建设工程安全生产监督机构工作的法定化和制度化。

3. 进一步完善事故统计制度，提高安全生产监管决策水平

改进事故信息的采集方法，深化统计制度改革，实行县区联网直报。通过对现有建筑业安全生产事故统计数据的分析，参考建筑业事故多发原因的研究成果，研究目前统计口径、统计指标、信息采集方法和数据数量、质量等方面的不足；在此基础上，遴选和构建我国宏观安全生产事故形势的主要指标，研究其相互关系，提出新的建筑业安全生产事故信息采集方法框架、统计内容、实施步骤和具体的统计表格；并应借鉴发达国家和地区（如美国、英国、韩国、日本、新加坡等）的事故信息采集方法和事故统计制度，在事故报告相关的法律、法规和制度等层面提出新的改进方案，例如，将包括轻伤在内的所有伤亡事故均纳入事故报告和统计范围，并加强对地市一级和乡镇建设中伤亡事故的统计。

总之，在提出了上述方法和制度后，即可明确从哪些技术和制度方面着手进行数据的采集，为深入研究建筑业安全生产事故和制定相关政策创造条件。

4. 过程评价与结果考核相结合，科学的评价政府安全监管效果

目前安全生产控制指标体系是依据安全生产"十三五"规划目标，以控制死亡人数为重点，以事故起数和死亡人数的绝对数量作为主要的控制指标。由于绝对指标没有考虑到人员数量、在建面积等行业生产规模因素，因此应逐渐提高相对指标在整个指标体系中的重要性，进而最终替代绝对指标，使安全生产控制考核指标更符合实际情况，例如可以用 10 万从业人员死亡率和百亿元产值死亡率等相对指标作为安全生产控制指标体系中的主要控制指标，并将其层层分解落实。

安全生产控制指标体系只是目前暂时的管理手段，尽管对我国目前建筑业事故多发的现状有一定的遏制作用，但从长期可持续发展的角度来看，目前的控制考核指标作为评价政绩、业绩的重要标准并不能全面、科学的反映政府的安全管理水平，而且地方政府的安全监管以事故控制指标为导向，助长了事故瞒报、假报等不良现象的滋生。因此，应在我国建筑安全生产水平达到一定程度时，适时终止安全生产控制指标体系制度，换之以新的政府安全生产管理评价体系。新的评价体系应是包括"过程控制"与"结果考核"的综合评价体系。"过程控制"是指应更为注重对政府安全监管行为的考查，例如是否按照政府安全监管的各项规定履行了职责；"结果考核"则是对事故及伤亡情况的评价。

1.4.4　落实企业安全管理责任

1. 强化工程项目中建设单位的安全责任

（1）进一步落实建设单位的安全责任，建议明确的责任包括：建设单位不得迫使承包单位以低于成本的价格竞标；建设单位不得随意压缩工期；建设单位在编制工程预算时，应当确定建设工程安全防护和文明施工措施费用，并按期支付；建设单位应在合同中明确安全技术、防护设施、劳动保护和安全文明措施费用支付计划等条款；建设单位不得对勘察、设计、施工、工程监理等单位提出不符合建设工程安全生产法律、法规和强制性标准规定的要求。

（2）强化建设单位的社会责任，尤其是安全生产责任，落实一岗双责，并建立对建设单位及其领导在安全生产方面的责任追究制度。

（3）规范建设单位安全管理的形式与内容，如通过法律法规等手段要求建设单位：在项目正式启动前细化安全管理并把它作为合同的一部分；施工中对承包商进行安全审核；定期进行安全检查；要求对项目所有员工进行安全培训以及设立安全机构监督承包商的安全生产等；与承包商一起举行安全会议；为承包商提供安全培训；审阅所有承包商的安全计划等。

（4）对政府投资项目的安全生产提出更高要求。对于政府投资的公共工程，建设单位应当承担更多的安全责任，应更积极参与项目的安全管理（而不是相反），为其他类型的建设单位起到示范表率作用。

（5）政府投资的工程项目应在决策立项和审批阶段注重安全管理，如审批环节制定若干安全评价指标，促进建设单位在安全投入、劳务用工培训等方面加强管理。

2. 加强施工企业资质管理、招投标及施工许可环节对安全生产的把关作用

（1）建立施工许可证前的安全生产条件审查制度。规定在颁发项目施工许可证前，建设单位或建设单位委托的监理单位，应当认真审查施工企业和现场各项安全生产条件是否符合开工要求，并将审查结果报送工程所在地建设行业行政主管部门。建设行政主管部门对审查结果进行复查，必要时到工程项目施工现场进行抽查，从而将对安全条件的审查由程序性审查转变为实质性审查。

（2）在施工企业资质管理环节中，建议加强对施工企业申请施工资质必要条件的审查，即施工单位必须已经取得建设行政主管部门颁发的安全生产许可证。凡是被吊销安全生产许可证的施工企业，同时也必须将其施工资质吊销。

（3）在招投标环节的投标申请人资格预审中，建议对投标施工企业的安全生产条件和过去的安全生产许可证情况进行审查；同时明确未取得安全生产许可证的投标施工企业不得参加工程投标活动。

（4）施工许可环节中，建议明确对于未取得安全生产许可证或未办理安全生产监督手续的工程项目，不得颁发施工许可证，同时明确施工单位必须为施工人员办理意外伤害保险，建设单位有安全防护和文明施工措施费用支付计划，施工单位已对危险性较大的分部分项工程制定了专项施工方案。

3. 进一步规范施工单位的安全管理制度

（1）进一步完善安全检查制度，制定严格细致的检查办法和程序，检查内容包括安全会议制度、现场安全检查制度等；保持安全检查的较高频率和安全会议的较高参与度；进一步加强企业对分包商的安全管理。

（2）倡导企业采用安全评价软件对施工现场进行更为科学的评价和指导；要求企业对项目进行安全风险评估，建立阶段性安全计划（风险/危险源分析）制度；要求企业明确安全与健康方针，并对安全管理目标进行量化。

（3）在施工企业中推广和落实职业健康安全管理体系。该体系在大部分高资质的企业都已得到认证，问题是绝大多数企业没有将其真正落实运行。落实职业安全健康管理体系，实际上是把大量的日常性工作上升到安全要素的管理，并通过对安全要素程序、标准实施控制，从而突出安全管理的系统性、预控性和可操作性，逐步实现施工企业自我预测、自我检查、自我控制、自我防范的目的。

4. 加大施工单位的安全培训力度，促进安全文化建设

（1）加大对企业安全管理人员的培训。进一步完善对企业安全管理人员的培训制度，加大对安全管理人员培训的政策支持和经费支持；应要求企业增加安全管理人员的必要配置，提高安全管理人员的上岗门槛，并对安全管理人员进行定期考核，以保证其专业素质能够一直满足安全生产工作的需要；加大检查力度，杜绝安全管理人员持假证上岗的现象。

（2）加大以班组长、农民工为重点的安全生产全员安全生产教育培训力度。加强对企业三级安全教育实施环节的监督，杜绝表面工作，保证三级安全教育的落实；可以在条件允许的地区试行安全卡制度，没有安全卡的工人不得进入施工现场施工；政府应鼓励第三方对建筑业工人进行安全培训和考核，培训重点应放在改变农民工普遍存在宿命论思想上。

（3）加强企业安全文化建设。鼓励企业对自身的安全文化进行调查和评估，应推广使用安全文化的定量评价工具，如香港职业安全健康局与（清华－金门）建筑安全研究中心共同开发的《建造业工作安全文化指数调查软件》，使企业更客观和深入的了解自身安全文化建设中存在的具体问题，并有针对性地进行整改。

（4）开展多种形式的安全文化促进活动。政府可以通过短期的安全促进活动，包括"创建文明工地活动"、"安全生产月"以及定期开展的安全生产大检查、全国建筑施工安全专项整治工作等，推动建筑行业安全文化水平的提高。注重利用广播、电视、互联网、微博微信等公共媒体传播安全观念，普及安全知识，发布安全提示，加强舆论监督。

第 2 章 建设工程安全生产管理体制

建设工程特点是产品固定而作业人员流动性较大，施工周期长、涉及面广，工程多样，又是露天作业，受地理环境和气象条件的影响大，而且施工作业人员的操作不稳定，使建设工程施工成为一个高风险的行业。高风险的行业就需要有严格的管理，因此建立自国家有关部门直至施工企业的安全生产管理体系尤为重要。

2.1 我国安全生产工作格局

国务院 2004 年 1 月 9 日颁发了《国务院关于进一步加强安全生产工作的决定》（国发［2004］2 号，以下简称《决定》）。《决定》中指出：要构建全社会齐抓共管的安全生产工作格局，努力构建"政府统一领导、部门依法监管、企业全面负责、群众参与监督、全社会广泛支持"的安全生产工程格局。

政府统一领导是指国务院以及县级以上地方人民政府有关部门对建设工程安全生产进行的综合和专业管理。主要是监督有关国家法律、法规和方针政策的执行情况，预防和纠正违反法律、法规和方针政策的行为。

部门依法监管是指各级建设行政主管部门和相关部门组织贯彻国家的法律、法规和方针政策。依法制定建设行业的规章制度和规范标准，对建设行业的安全生产工作进行计划、组织、监督检查和考核评价，指导企业搞好安全生产。

企业全面负责，对于建筑行业，既是指施工单位主要负责人依法对本单位的安全生产工作全面负责，同时也包括建设单位、勘察单位、设计单位、工程监理单位及其他与建设工程安全生产有关的单位必须遵守安全生产法律、法规的规定，保证建设工程安全生产，依法承担建设工程安全生产责任。所有有关单位都必须坚决贯彻执行国家的法律、法规和方针政策，建立和保持安全生产管理体系。

群众参与监督是指群众组织和劳动者个人对于建设工程安全生产应负的责任。工会是代表群众的主要组织，工会有权对危害职工健康安全的现象提出意见、进行抵制，也有权越级控告，工会也担负着教育劳动者遵章守纪的责任。群众监督是与行业管理、国家监察相辅相成的一种自下而上的监督。群众监督有助于建立企业的安全文化，形成安全生产人人有责的局面，它是专业管理以外的一支不可忽视的安全管理力量。

全社会广泛支持是指提高全社会的安全意识，形成全社会广泛"关注安全，关爱生命"的良好氛围。建设工程安全生产管理状况的改变，必须有政府与社会各界的广泛参与，必须有政策、法律、环境等多个方面的支持，就是要通过全社会的共同努力，提高安全意识，增强防范能力，大幅度地减少事故，为我国经济社会的全面、协调、可持续发展奠定坚实的基础。

2.2　建设工程各方责任主体的安全责任

我国在 1998 年开始实施的《中华人民共和国建筑法》中就规定了有关部门和单位的安全生产责任。2003 年国务院通过并在 2004 年开始实施的《建设工程安全生产管理条例》中对于各级部门和建设工程有关单位的安全责任有了更为明确的规定。主要规定如下：

2.2.1　建设单位的安全责任

建设单位应当向施工单位提供施工现场及毗邻区供水、排水、供电、供气、供热、通信、广播电视等地下管线资料，气象和水文观测资料，相邻建筑物和构筑物、地下工程的有关资料，并保证资料的真实、准确、完整。

建设单位不得对勘察、设计、施工、工程监理等单位提出不符合建设工程安全生产法律、法规和强制性标准规定的要求，不得压缩合同约定的工期。

建设单位在编制工程概算时，应当确定建设工程安全作业环境及安全施工措施所需费用。建设单位与施工企业应当在施工合同中明确安全生产费用的费率、数额、支付计划、使用要求、调整方式等条款。合同工期在一年以内的，建设单位应当自合同签订之日起 5 日内预付安全生产费用不得低于该费用总额的 70%；合同工期在一年以上的（含一年），预付安全生产费用不得低于该费用总额的 50%。建设单位收到监理企业《其余安全生产费用支付证书》后，5 日内支付安全生产费用。支付凭证报建设主管部门或有关行业主管部门备案。

建设单位不得明示或者暗示施工单位购买、租赁、使用不符合安全施工要求的安全防护用具、机械设备、施工机具及配件、消防设施和器材。

建设单位在申请领取施工许可证时，应当提供建设工程有关安全施工措施的资料。依法批准开工报告的建设工程，建设单位应当自开工报告批准之日起 15 日内，将保证安全施工的措施报送建设工程所在地的县级以上地方人民政府建设行政主管部门或者其他有关部门备案。

建设单位应当将拆除工程发包给具有相应资质等级的施工单位，并应在拆除工程施工 15 日前，将下列资料报送建设工程所在地的县级以上地方人民政府建设行政主管部门或者其他有关部门备案：

（1）施工单位资质等证明；

（2）拟拆除建筑物、构筑物及可能危及毗邻建筑的说明；

（3）拆除施工组织方案；

（4）堆放、清除废弃物的措施。

2.2.2　勘察单位的安全责任

勘察单位应当按照法律、法规和工程建设强制性标准进行勘察，提供的勘察文件应当真实、准确，满足建设工程安全生产的需要。

勘察单位在勘察作业时，应当严格执行操作规程，采取措施保证各类管线、设施和周边建筑物、构筑物的安全。

2.2.3　设计单位的安全责任

设计单位应当按照法律、法规和工程建设强制性标准进行设计，防止因设计不合理导致生产安全事故的发生。设计单位和注册建筑师等注册执业人员应当对其设计负责。

设计单位应当考虑施工安全操作和防护的需要，对涉及施工安全的重点部位和环节在设计文件中注明，并对防范生产安全事故提出指导意见。

对于采用新结构、新材料、新工艺的建设工程和特殊结构的建设工程，设计单位应当在设计中提出保障施工作业人员安全和预防生产安全事故的措施建议。

2.2.4　工程监理单位的安全责任

工程监理单位和监理工程师应当按照法律法规和工程建设强制性标准实施监理，并对建设工程安全生产承担监理责任。

（1）监理单位按照 2014 年发布的《建设工程监理规范》GB/T 50319—2013 和相关行业监理规范要求，编制含有安全监理内容的监理规划和监理实施细则。

（2）工程监理单位应当审查施工组织设计中的安全技术措施或者专项施工方案是否符合工程建设强制性标准。

（3）施工企业在工程量或施工进度完成 50％时，项目负责人应当按照《建设工程监理规范》GB/T 50319—2013 填报《其余安全生产费用支付申请表》，并经企业负责人签字盖章后报监理企业。监理企业应当在 3 日内审核工程进度和现场安全管理情况。发现施工现场存在安全隐患的，监理企业应当责令施工企业立即整改。经审核符合要求或整改合格的，总监方可签署《其余安全生产费用支付证书》，并提请建设单位及时支付。工程监理企业发现建设单位未按本规定或合同约定支付安全生产费用的，应当及时提请建设单位支付。

（4）工程监理企业发现施工企业在施工现场存在安全隐患、未落实安全生产费用的，有权要求其改正，施工企业拒不改正的，工程监理企业应当及时向建设单位和建设主管部门报告，必要时依法责令其暂停施工。

我国 2003 年发布的《建设工程安全生产管理条例》规定：

（1）监理单位应对施工组织设计中的安全技术措施或专项施工方案进行审查，未进行审查的，监理单位应承担《建设工程安全生产管理条例》第五十七条规定的法律责任。

施工组织设计中的安全技术措施或专项施工方案未经监理单位审查签字认可，施工单位擅自施工的，监理单位应及时下达工程暂停令，并将情况及时书面报告建设单位。监理单位未及时下达工程暂停令并报告的，应承担《建设工程安全生产管理条例》第五十七条规定的法律责任。

（2）监理单位在监理巡视检查过程中，发现存在安全事故隐患的，应按照有关规定及时下达书面指令要求施工单位进行整改或停止施工。监理单位发现安全事故隐患没有及时下达书面指令要求施工单位进行整改或停止施工的，应承担《建设工程安全生产管理条例》第五十七条规定的法律责任。

（3）施工单位拒绝按照监理单位的要求进行整改或者停止施工的，监理单位应及时将情况向当地建设主管部门或工程项目的行业主管部门报告。监理单位没有及时报告，应当承担《建设工程安全生产管理条例》第五十七条规定的法律责任。

（4）监理单位未依照法律、法规和工程建设强制性标准实施监理的，应当承担《建设工程安全生产管理条例》第五十七条规定的法律责任。

监理单位履行了上述规定的职责，施工单位未执行监理指令继续施工或发生安全事故的，应依法追究监理单位以外的其他相关单位和人员的法律责任。

2.2.5 施工单位的安全责任

1. 施工单位的安全生产责任

（1）施工单位从事建设工程的新建、扩建、改建和拆除等活动，应当具备国家规定的注册资本、专业技术人员、技术装置和安全生产等条件，依法取得相应等级的资质证书，并在其资质等级许可的范围内承揽工程。

（2）施工单位主要负责人依法对本单位的安全生产工作全面负责。施工单位应当建立健全的安全生产责任制度和安全生产教育培训制度，制定安全生产规章制度和操作规程，对所承担的建设工程进行定期和专项安全检查，并做好安全检查记录。要保证本单位安全生产条件所需资金的投入，对于列入建设工程概算的安全作业环境及安全施工措施所需费用，应当说明用于施工安全防护用具及设施的采购和更新、安全施工措施的落实、安全生产条件的改善，不得挪作他用。

（3）施工单位应当设立安全生产管理机构，配备专职安全生产管理人员。

（4）施工单位应当在施工组织设计中编制安全技术措施和施工现场临时用电方案，对下列达到一定规模的危险性较大的分部分项工程编制专项施工方案，并附具安全验算结果，经施工单位技术负责人、总监理工程师签字后实施，由专职安全生产管理人员进行现场监督：

1）基坑支护与降水工程；

2）土方开挖工程；

3）模板工程；

4）起重吊装工程；

5）脚手架工程；

6）拆除、爆破工程；

7）国务院建设行政主管部门或者其他有关部门规定的其他危险性较大的工程。

对前款所列工程中涉及深基坑、地下暗挖工程、高大模板工程的专项施工方案，施工单位还应当组织专家进行论证、审查。

施工单位应当在施工现场入口处、施工起重机械、临时用电设施、脚手架、出入通道口、楼梯口、电梯井口、孔洞口、桥梁口、隧道口、基坑边沿、爆破物及有害危险气体和液体存放处等危险部位，设置明显的安全警示标志。安全警示标志必须符合国家标准。

施工单位应当根据不同施工阶段和周围环境及季节、气候的变化，在施工现场采取相应的安全施工措施。施工现场暂时停止施工的，施工单位应当做好现场防护，所需费用由责任方承担，或者按照合同约定执行。

施工单位应当将施工现场的办公、生活区与作业区分开设置，并保持安全距离，办公、生活区的选址应当符合安全性要求。职工的膳食、饮水、休息场所等应当符合卫生标准。施工单位不得在尚未竣工的建筑物内设置员工集体宿舍。

施工现场临时搭建的建筑物应当符合安全使用要求。施工现场使用的装配式活动房屋应当具有产品合格证。

施工单位对因建设工程施工可能造成损害的毗邻建筑物、构筑物和地下管线等，应当采取专项防护措施。

施工单位应当遵守有关环境保护法律，法规的规定，在施工现场采取措施，防止或者减少粉尘、废气、废水、固体废物、噪声、振动和施工照明对人和环境的危害和污染。

在城市市区内的建设工程，施工单位应当对施工现场实行封闭围挡。

施工单位应当在施工现场建立消防安全责任制度，确定消防安全责任人，制定用火、用电、使用易燃易爆材料等各项消防安全管理制度和操作规程，设置消防通道、消防水源，配备消防设施和灭火器材，并在施工现场入口处设置明显标志。

施工单位应当向作业人员提供安全防护用具和安全防护服装，并书面告知危险岗位的操作规程和违章操作的危害。

施工单位采购、租赁的安全防护用具、机械设备、施工机具及配件，应当具有生产（制造）许可证、产品合格证，并在进入施工现场前进行查验。

施工现场的安全防护用具、机械设备、施工机具及配件必须由专人管理，定期进行检查、维修和保养，建立相应的资料档案，并按照国家有关规定及时报废。

施工单位在使用施工起重机械和整体提升脚手架、模板等自升式架设设施前，应当组织有关单位进行验收，也可以委托具有相应资质的检验检测机构进行验收；使用承租的机械设备和施工机具及配件的，由施工总承包单位、分包单位、出租单位和安装单位共同进行验收，验收合格的方可使用。《特种设备安全监察条例》规定的施工起重机械，在验收前应当经有相应资质的检验检测机构监督检验合格。

施工单位应当自施工起重机械和整体提升脚手架、模板等自升式架设设施验收合格之日起 30 日内，向建设行政主管部门或者其他有关部门登记。登记标志应当置于或者附着于该设备的显著位置。

施工单位的主要负责人、项目负责人、专职安全生产管理人员应当经建设行政主管部门或者其他有关部门考核合格后方可任职。

施工单位应当对管理人员和作业人员每年至少进行一次安全生产教育培训，其教育培训情况记入个人工作档案。安全生产教育培训考核不合格的人员，不得上岗。

施工单位在采用新技术、新工艺、新设备、新材料时，应当对作业人员进行相应的安全生产教育培训。

施工单位应当为施工现场从事危险作业的人员办理意外伤害保险。意外伤害保险费由施工单位支付。实行施工总承包的，由总承包单位支付意外伤害保险费。意外伤害保险期限自建设工程开工之日起至竣工验收合格止。

施工单位应当制定本单位生产安全事故应急救援预案，建立应急组织或者配备应急救援人员，配备必要的应急救援器材、设备，并定期组织操练。

施工单位应当根据建设工程的特点、范围，对施工现场易发生重大事故的部位、环节进行监控，制定施工现场生产安全事故应急预案，工程总承包单位和分包单位按照应急救援预案，各自建立应急救援组织或者配备应急救援人员，配备救援器材、设备，并定期组织操练。

施工单位发生生产安全事故，应当按照国家有关伤亡事故报告和调查处理的规定，及时、如实地向负责安全生产监督管理的部门、建设行政主管部门或者其他有关部门报告；特种设备发生事故的，还应当同时向特种设备安全监督管理部门报告。

发生生产安全事故后，施工单位应当采取措施防止事故扩大，保护事故现场。需要移动现场物品时，应当做出标记和书面记录，妥善保管有关证物。

2. 总分包单位的安全责任

实行施工总承包的建设工程，由总承包单位对施工现场的安全生产负总责。总承包单位应当承担《中华人民共和国安全生产法》对生产经营单位安全生产责任的要求：组织机构和人员、安全生产的基础、安全生产的管理、危险物品的安全管理、重大危险源的安全管理、安全出口的管理、爆破吊装作业的安全管理、交叉作业的安全管理、租赁承包的安全管理、作业现场的安全检查、接受监督、应急救援、事故抢险和报告等。

总承包单位的安全责任是：

（1）总承包单位应当自行完成建设工程主体结构的施工。

（2）审查分包单位的安全生产保证体系与条件，对不具备安全生产条件的，拒绝其进场施工。

（3）总承包单位依法将建设工程分包给其他单位的，分包合同中应当明确各自的安全生产方的权利、义务。总承包单位和分包单位对分包工程的安全生产承担连带责任。总承包单位应当与分包单位在分包合同中明确由分包单位实施的安全措施及分包工程安全生产费用。

（4）建设工程实行总承包的，如发生事故，由总承包单位负责上报事故。

分包单位应当服从总承包单位的安全生产管理，分包单位不服从管理导致生产安全事故的，由分包单位承担主要责任。

2.2.6　施工单位内部的安全职责分工

《建设工程安全生产管理条例》的重点是规定建设工程安全生产的各有关部门和单位之间的责任划分。对于单位的内部安全职责分工也应按照该条例的要求进行职责划分。特别是施工单位在"安全生产、人人有责"的思想指导下，在建立安全生产管理体系的基础上，按照所确定的目标和方针，将各级管理责任人、各职能部门和各岗位员工所应做的工作及应负的责任加以明确规定。要求通过合理分工，明确责任，达到增强各级人员的责任心，共同协调配合，努力实现既定的目标。

施工单位安全生产管理机构设置及专职安全生产管理人员按照《建筑施工企业安全生产管理机构设置及专职安全生产管理人员配备办法》进行配备。建筑施工企业所属的分公司、区域公司等较大的分支机构应当各自独立设置安全生产管理机构，负责本企业（分支机构）的安全生产管理工作。建筑施工企业及其所属分公司、区域公司等较大的分支机构必须在建设工程项目中设立安全生产管理机构。

1. 按公司类别专职安全生产管理人员配备

建筑施工总承包企业安全生产管理机构内的专职安全生产管理人员应当按企业资质类别和等级足额配备，根据企业生产能力或施工规模，专职安全生产管理人员人数至少为：

（1）集团公司——1人/百万平方米·年（生产能力）或每十亿施工总产值·年，且不少于4人。

（2）工程公司（分公司、区域公司）——1人/十万平方米·年（生产能力）或每一亿施工总产值·年，且不少于3人。

（3）专业公司——1人/十万平方米·年（生产能力）或每1亿施工总产值·年，且不少于3人。

（4）劳务公司——1人/五十名施工人员，且不少于2人。

2. 项目经理部安全生产管理小组的专职安全管理人员配备

建设工程项目应当成立由项目经理负责的安全生产管理小组，小组成员应包括企业派驻到项目的专职安全生产管理人员，专职安全生产管理人员的配置为：

（1）建筑工程、装修工程按照建筑面积：

1万 m² 及以下的工程至少1人；

1万～5万 m² 的工程至少2人；

5万 m² 以上的工程至少3人，应当设置安全主管，按土建、机电设备等专业设置专职安全生产管理人员。

（2）土木工程、线路管道、设备按照安装总造价：

5000万元以下的工程至少1人；

5000万～1亿元的工程至少2人；

1亿以上的工程至少3人，应当设置安全主管，按土建、机电设备等专业设置专职安全生产管理人员。

工程项目采用新技术、新工艺、新材料或致害因素多、施工作业难度大的工程项目，施工现场专职安全生产管理人员的数量应当根据施工实际情况，在配置标准上增配。

3. 各部门与各级人员的安全管理职责

根据人员配备进行职责分工，职责分工应包括纵向各级人员，即包括主要负责人、管理者代表、技术负责人、财务负责人、经济负责人、党政工团、项目经理以及员工的责任制和横向各专业部门，即安全、质量、设备、技术、生产、保卫、采购、行政、财务等部门的责任。

（1）施工企业的主要负责人的职责

1）贯彻执行国家有关安全生产的方针政策和法规、规范；

2）建立、健全本单位的安全生产责任制，承担本单位安全生产的最终责任；

3）组织制定本单位安全生产规章制度和操作规程；

4）保证本单位安全生产投入的有效实施；

5）督促、检查本单位的安全生产工作，及时消除安全事故隐患；

6）组织制定并实施本单位的生产安全事故应急救援预案；

7）及时、如实报告安全事故。

（2）技术负责人的职责

1）贯彻执行国家有关安全生产的方针政策、法规和有关规范、标准，并组织落实；

2）组织编制和审批施工组织设计或专项施工组织设计；

3）对新工艺、新技术、新材料的使用，负责审核其实施过程中的安全性，提出预防措施，组织编制相应的操作规程和交底工作；

4）领导安全生产技术改进和研究项目；

5）参与重大安全事故的调查，分析原因，提出纠正措施，并检查措施的落实，做到持续改进。

（3）财务负责人的职责

保证安全生产的资金能做到专项专用，并检查资金的使用是否正确。

（4）工会的职责

1）工会有权对违反安全生产法律、法规，侵犯员工合法权益的行为要求纠正；

2）发现违章指挥、强令冒险作业或者发现事故隐患时，有权提出解决的建议，单位应当及时研究答复；

3）发现危及员工生命的情况时，有权建设组织员工撤离危险场所，单位必须立即处理；

4）工会有权依法参加事故调查，向有关部门提出处理意见，并要求追究有关人员的责任。

（5）安全部门的职责

1）贯彻执行安全生产的有关法规、标准和规定，做好安全生产的宣传教育工作。

2）参与施工组织设计和安全技术措施的编制，并组织进行定期和不定期的安全生产检查。对贯彻执行情况进行监督检查，发现问题及时改进。

3）制止违章指挥和违章作业，遇有紧急情况有权暂停生产，并报告有关部门。

4）推广总结先进经验，积极提出预防和纠正措施，使安全生产工作能持续改进。

5）建立健全安全生产档案，定期进行统计分析，探索安全生产的规律。

（6）生产部门的职责

合理组织生产，遵守施工顺序，将安全所需的工序和资源排入计划。

（7）技术部门的职责

按照有关标准和安全生产要求编制施工组织设计，提出相应的措施，进行安全生产技术的改进和研究工作。

（8）设备材料采购部门的职责

保证所供应的设备安全技术性能可靠，具有必要的安全防护装置，按机械使用说明书的要求进行保养和检修，确保安全运行。所供应的材料和安全防护用品能确保质量。

（9）财务部门的职责

按照规定提供实现安全生产措施、安全教育培训、宣传的经费，并监督其合理使用。

（10）教育部门的职责

将安全生产教育列入培训计划，按工作需要组织各级员工的安全生产教育。

（11）劳务管理部门的职责

做好新员工上岗前培训、换岗培训，并考核培训的效果，组织特殊工种的取证工作。

（12）卫生部门的职责

定期对员工进行体格检查，发现有不适合现岗的员工要立即提出。要指导组织监测有毒有害作业场所的有害程度，提出职业病防治和改善卫生条件的措施。

（13）项目经理部的安全生产职责

施工企业的项目经理部应根据安全生产管理体系要求，由项目经理主持，把安全生产责任目标分解到岗，落实到人。现行国家标准《建设工程项目管理规范》GB/T 50326—2017规定项目经理部的安全生产责任制的内容包括：

1）项目经理应当由取得相应执行资格的人员担任，对建设工程项目的安全施工负责，其安全职责应包括：认真贯彻安全生产方针、政策、法规和各项规章制度，制定和执行安全生产管理办法，严格执行安全考核指标和安全生产奖惩办法，确保安全生产措施费用的有效使用，严格执行安全技术措施审批和施工安全技术措施交底制度；建设工程施工前，施工单位负责项目管理的技术人员应当对有关安全施工的技术要求向施工作业班组、作业人员作出详细说明，并由双方签字确认。施工中定期组织安全生产检查和分析，针对可能产生的安全隐患制定相应的预防措施；当施工过程中发生安全事故时，项目经理必须及时、如实，按安全事故处理的有关规定和程序及时上报和处置，并制定防止同类事故再次发生的措施。

2）施工单位安全员的安全职责

落实安全设施的设置；对安全生产进行现场监督检查，组织安全教育和全员安全活动，监督检查劳保用品的质量和正确使用。发现安全事故隐患，应当及时向项目负责人和安全生产管理机构报告，并配合有关部门排除安全隐患；对违章指挥、违章操作的，应当立即制止。

3）作业队长安全职责

向本工种作业人员进行安全技术措施交底，严格执行本工种安全技术操作规程，拒绝违章指挥；组织实施安全技术措施；作业前应对本次作业所使用的机具、设备、防护用具、设施及作业环境进行安全检查，消除安全隐患，检查安全标牌是否按规定设置，标识方法和内容是否正确完整；组织班组开展安全活动，对作业人员进行安全操作规程培训，提高作业人员的安全意识，召开上岗前安全生产会；每周应进行安全讲评。当发生重大或恶性工伤事故时，应保护现场，立即上报并参与事故调查处理。

4）作业人员安全职责

认真学习并严格执行安全技术操作规程，自觉遵守安全生产规章制度，执行安全技术交底和有关安全生产的规定；不违章作业；服从安全监督人员的指导，积极参加安全活动；爱护安全设施。

作业人员有权对施工现场的作业条件、作业程序和作业方式中存在的安全问题提出批评、检举和控告，有权对不安全作业提出意见；有权拒绝违章指挥和强令冒险作业，在施工中发生危及人身安全的紧急情况时，作业人员有权立即停止作业或者在采取必要的应急措施后撤离危险区域。

作业人员应当遵守安全施工的强制性标准、规章制度和操作规程，正确使用安全防护用具、机械设备等。

作业人员进入新的岗位或者新的施工现场前，应当接受安全生产教育培训。未经教育培训或者教育培训不合格的人员，不得上岗作业。垂直运输机械作业人员、安装拆卸工、爆破作业人员、起重信号工、登高架设人员等特种作业人员，必须按照有关规定经过专门的安全作业培训，并取得特种作业操作资格证书后，方可上岗作业。

作业人员应当努力学习安全技术，提高自我保护意识和自我保护能力。

2.2.7　其他有关单位的安全责任

为建设工程提供机械设备和配件的单位，应当按照安全施工的要求配备齐全有效的保险、限位等安全设施和装置。所出租的机械设备和施工机具及配件，应当具有生产（制造）许可证、产品合格证。

出租单位应当对出租的机械设备和施工机具及配件的安全性能进行检测，在签订租赁协议时，应当出具检测合格证明。禁止出租检测不合格的机械设备和施工机具及配件。

在施工现场安装、拆卸施工起重机械和整体提升脚手架、模板等自升式架设设施，必须由具有相应资质的单位承担。

安装、拆卸施工起重机械和整体提升脚手架、模板等自升式架设施，应当编制拆装方案、制定安全施工措施，并由专业技术人员现场监督。

施工起重机械和整体提升脚手架、模板等自升式架设设施安装完毕后，安装单位应当自检，出具自检合格证明，并向施工单位进行安全使用说明，办理验收手续并签字。

第3章　建设工程安全生产管理制度

3.1　概　　述

建设工程劳动人数众多，规模巨大，且工作环境复杂多变，安全生产的难度很大。通过建立各项制度，规范建设工程的生产行为，对于提高建设工程安全生产水平是非常重要的。

《建筑法》、《安全生产法》、《安全生产许可证条件》、《建筑施工企业安全生产许可证管理规定》等与建设工程有关的法律法规和部门规章，对政府部门、有关企业及相关人员的建设工程安全生产和管理行为进行了全面的规范，确立了一系列建设工程安全生产管理制度。其中，涉及政府部门安全生产的监管制度有：建筑施工企业安全生产许可制度、三类人员考核任职制度、特种作业人员持证上岗制度、安全监督检查制度、危及施工安全工艺、设备、材料淘汰制度、生产安全事故报告制度和施工起重机械使用登记制度等；涉及施工企业的安全生产制度有：安全生产责任的制度、安全生产教育培训制度、专项施工方案专家论证审查制度、施工现场消防安全责任制度、意外伤害保险制度和生产安全事故应急救援制度等。

3.2　建筑施工企业安全生产许可制度

为了严格规范建筑施工企业安全生产条件，进一步加强安全生产监督管理，防止和减少生产安全事故，原建设部根据《安全生产许可证条例》等有关行政法规，于2004年7月制定《建筑施工企业安全生产许可证管理规定》（建设部令第128号，2015年1月22日中华人民共和国住房和城乡建设部令第23号修正）及《建筑施工企业安全生产许可证动态监管办法》。

国家对建筑施工企业实行安全生产许可制度。建筑施工企业未取得安全生产许可证的，不得参加建设工程施工投标活动。

主要内容如下：

1. 安全生产许可证的申请条件

建筑施工企业取得安全生产许可证，应当具备下列安全生产条件：

（1）建立、健全安全生产责任制，制定完备的安全生产规章制度和操作规程；

（2）保证本单位安全生产条件所需资金的投入；

（3）设备安全生产管理机构，按照国家有关规定配备专职安全生产管理人员；

（4）主要负责人、项目负责人、专职安全生产管理人员经建设主管部门或者其他有关部门考核合格；

（5）特种作业人员经有关业务主管部门考核合格，取得特种作业操作资格证书；

（6）管理人员和作业人员每年至少进行一次安全生产教育培训并考核合格；

（7）依法参加工伤保险，依法为施工现场从事危险作业的人员办理意外伤害保险，为从业人员交纳保险费；

（8）施工现场的办公、生活区及作业场所和安全防护用具、机械设备、施工机具及配件符合有关安全生产法律、法规、标准和规程的要求；

（9）有职业危害防治措施，并为作业人员配备符合国家标准或者行业标准的安全防护用具和安全防护服装；

（10）有对危险性较大的分部分项工程及施工现场易发生重大事故的部位、环节的预防、监控措施和应急预案；

（11）有生产安全事故应急救援预案、应急救援组织或者应急救援人员，配备必要的应急救援器材、设备；

（12）法律、法规规定的其他条件。

2. 安全生产许可证的申请与颁发

建筑施工企业从事建筑施工活动前，应当依照《规定》向省级以上建设主管部门申请领取安全生产许可证。中央管理的建筑施工企业（集团公司、总公司）应当向国务院建设主管部门申请领取安全生产许可证，其他的建筑施工企业，包括中央管理的建筑施工企业（集团公司、总公司）下属的建筑施工企业，应当向企业注册所在地省、自治区、直辖市人民政府建设主管部门申请领取安全生产许可证。

建设主管部门应当自受理建筑施工企业的申请之日起四十五日内审查完毕；经审查符合安全生产条件的，颁发安全生产许可证；不符合安全生产条件的，不予颁发安全生产许可证，书面通知企业并说明理由。企业自接到通知之日起应当进行整改，整改合格后方可再次提出申请。建设主管部门审查建筑施工企业安全生产许可证申请，涉及铁路、交通、水利等有关专业工程时，可以征求铁路、交通、水利等有关部门的意见。

安全生产许可证的有效期为三年。安全生产许可证有效期满需要延期的，企业应当于期满前三个月向原安全生产许可证颁发管理机关申请办理延期手续。企业在安全生产许可证有效期内，严格遵守有关安全生产的法律法规，未发生死亡事故的，安全生产许可证有效期届满时，经原安全生产许可证颁发管理机关同意不再审查，安全生产许可证有效期延期三年。

建筑施工企业变更名称、地址、法定代表人等，应当在变更后十日内，到原安全生产许可证颁发管理机关办理安全生产许可证变更手续。

建筑施工企业破产、倒闭、撤销的，应当将安全生产许可证交回原安全生产许可证颁发管理机关予以注销。

建筑施工企业遗失安全生产许可证，应当立即向原安全生产许可证颁发管理报告，并在公众媒体上声明作废，方可申请补办。

安全生产许可证申请表采用住房城乡建设部规定的统一式样。安全生产许可证采用国务院安全生产监督管理部门规定的统一式样。安全生产许可证分正本和副本，正、副本具有同等法律效力。

3. 安全生产许可证的监督管理

县级以上人民政府建设主管部门应当加强对建筑施工企业安全生产许可证的监督管理。建设主管部门在审核发放施工许可证时，应当对已经确定的建筑施工企业是否有安全生产许可证进行审查，对没有取得安全生产许可证的，不得颁发施工许可证。

跨省从事建筑施工活动的建筑施工企业有违反本规定行为的，由工程所在地的省级人民政府建设主管部门将建筑施工企业在本地区的违法事实、处理结果和处理建议抄告原安全生产许可证颁发管理机关。

各地建筑施工企业安全生产许可证颁发管理机关（以下简称颁发管理机关）要建立建筑施工企业安全生产条件复核制度。

建筑施工企业取得安全生产许可证后，不得降低安全生产条件，并应当加强日常安全生产管理，接受建设主管部门的监督检查。安全生产许可证颁发管理机关发现企业不再具备安全生产条件的，应当暂扣或者吊销安全生产许可证。施工总承包单位应当依法将建设工程分包给具有安全生产许可证的建筑施工企业，并依据有关法规和标准对专业承包和劳务分包企业安全生产条件进行检查，发现不具备法定安全生产条件的，应当责令其立即整改。施工总承包单位将建设工程分包给不具有安全生产许可证建筑施工企业的，视同违法分包，依据有关法律法规予以处罚。

安全生产许可证颁发管理机关或者其上级行政机关发现有下列情形之一的，可以撤销已经颁发的安全生产许可证：

（1）安全生产许可证颁发管理机关工作人员滥用职权、玩忽职守颁发安全生产许可证的；

（2）超越法定职权颁发安全生产许可证的；

（3）违反法定程序颁发安全生产许可证的；

（4）对不具备安全生产条件的建筑施工企业颁发安全生产许可证的；

（5）依法可以撤销已经颁发的安全生产许可证的其他情形。

依照前款规定撤销安全生产许可证，建筑施工企业的全法权益受到损害的，建设主管部门应当依法给予赔偿。

安全生产许可证颁发管理机关应当建立健全安全生产许可证档案管理制度，定期向社会公布企业取得安全生产许可证的情况，每年向同级安全生产监督管理部门通报建筑施工企业安全生产许可证颁发和管理情况。

任何单位或者个人对违反本规定的行为，有权向安全生产许可证颁发管理机关或者监察相关等有关部门举报。

4. 法律责任

违反规定，建设主管部门工作人员有下列行为之一的，给予降级或者撤职的行政处分；构成犯罪的，依法追究刑事责任：

（1）向不符合安全生产条件的建筑施工企业颁发安全生产许可证的；

（2）发现建筑施工企业未依法取得安全生产许可证擅自从事建筑施工活动，不依法处理的；

（3）发现取得安全生产许可证的建筑施工企业不再具备安全生产条件，不依法处理的；

（4）接到对违反本规定行为的举报后，不及时处理的；

（5）在安全生产许可证颁发、管理和监督检查工作中，索取或者接受建筑施工企业的财物，或者谋取其他利益的。

颁发管理机关应当严格管理建筑施工企业安全生产许可证行政许可时限、程序和条件，并建立行政审批责任追究制度。对于向不符合要求的建筑施工企业违法颁发安全生产许可证、将施工许可证违法颁发给不具备安全生产许可证企业承建的项目、对于发生事故或降低安全生产条件的企业不予处罚，从而导致重大事故发生的，要依法追究有关人员的法律责任。

由于建筑施工企业弄虚作假，造成前款第（1）项行为的，对建设主管部门工作人员不予处分。

建筑施工企业在本地区发生伤亡事故，颁发管理机关或其委托的事故发生地市县级建设行政主管部门应立即暂时收回企业的安全生产许可证（包括总承包企业和发生事故的分包企业，下同），并于事故发生之日起5个工作日内对企业安全生产条件复核完毕。发现企业不再具备法定安全生产条件的，颁发管理机关应于安全生产条件复核完毕之日起5个工作日内对企业作出暂扣或吊销安全生产许可证的行政处罚。

建筑施工企业不具备安全生产条件的，暂扣安全生产许可证并限期整改；情节严重的，吊销安全生产许可证。建筑施工企业安全生产许可证暂扣期间，在全国范围内不得承揽新的工程项目，发生问题或事故的在建项目停工整改，整改合格后方可继续施工。企业安全生产许可证被吊销后，该企业不得进行任何施工活动，在全国范围内不得承揽任何新的工程项目，且一年之内不得重新申请安全生产许可证。

建筑施工企业被暂扣或吊销安全生产许可证后，企业资质管理部门应当对企业资质条件进行重新复核，发现不再符合有关资质条件的，责令其限期整改，拒不整改或整改仍不合格的，对其实施停业整顿、降低资质等级直至吊销资质证书的处罚。

建筑施工企业申请企业资质晋级、增项之日前一年内，两次或两次以上被处以暂扣安全生产许可证处罚的，不予晋级和增项。

5. 动态监管

建设主管部门在审核发放施工许可证时，应当对已经确定的建筑施工企业是否具有安全生产许可证以及安全生产许可证是否处于暂扣期内进行审查，对未取得安全生产许可证及安全生产许可证处于暂扣期内的，不得颁发施工许可证。

建设单位或其委托的工程招标代理机构在编制资格预审文件和招标文件时，应当明确要求建筑施工企业提供安全生产许可证，以及企业主要负责人、拟担任该项目负责人和专职安全生产管理人员相应的安全生产考核合格证书。

建设工程实行施工总承包的，建筑施工总承包企业应当依法将工程分包给具有安全生产许可证的专业承包企业或劳务分包企业，并加强对分包企业安全生产条件的监督检查。

工程监理单位应当查验承建工程的施工企业安全生产许可证和有关"三类人员"安全生产考核合格证书持证情况，发现其持证情况不符合规定的或施工现场降低安全生产条件的，应当要求其立即整改。施工企业拒不整改的，工程监理单位应当向建设单位报告。建设单位接到工程监理单位报告后，应当责令施工企业立即整改。

建筑施工企业应当加强对本企业和承建工程安全生产条件的日常动态检查，发现不符合法定安全生产条件的，应当立即进行整改，并做好自查和整改记录。

建筑施工企业在"三类人员"配备、安全生产管理机构设置及其他法定安全生产条件发生变化以及因施工资质升级、增项而使得安全生产条件发生变化时，应当向安全生产许可证颁发管理机关（以下简称颁发管理机关）和当地建设主管部门报告。

颁发管理机关应当建立建筑施工企业安全生产条件的动态监督检查制度，并将安全生产管理薄弱、事故频发的企业作为监督检查的重点。颁发管理机关根据监管情况、群众举报投诉和企业安全生产条件变化报告，对相关建筑施工企业及其承建工程项目的安全生产条件进行核查，发现企业降低安全生产条件的，应当视其安全生产条件降低情况对其依法实施暂扣或吊销安全生产许可证的处罚。

市、县级人民政府建设主管部门或其委托的建筑安全监督机构在日常安全生产监督检查中，应当查验承建工程施工企业的安全生产许可证。发现企业降低施工现场安全生产条件的或存在事故隐患的，应立即提出整改要求；情节严重的，应责令工程项目停止施工并限期整改。上述责令停止施工且符合下列情形之一的，市、县级人民政府建设主管部门应当于作出最后一次停止施工决定之日起 15 日内以书面形式向颁发管理机关（县级人民政府建设主管部门同时抄报设区市级人民政府建设主管部门；工程承建企业跨省施工的，通过省级人民政府建设主管部门抄告）提出暂扣企业安全生产许可证的建议，并附具企业及有关工程项目违法违规事实和证明安全生产条件降低的相关询问笔录或其他证据材料。

（1）在 12 个月内，同一企业同一项目被两次责令停止施工的。

（2）在 12 个月内，同一企业在同一市、县内三个项目被责令停止施工的。

（3）施工企业承建工程经责令停止施工后，整改仍达不到要求或拒不停工整改的。

工程项目发生一般及以上生产安全事故的，工程所在地市、县级人民政府建设主管部门应当立即按照事故报告要求向本地区颁发管理机关报告。

工程承建企业跨省施工的，工程所在地省级建设主管部门应当在事故发生之日起 15 日内将事故基本情况书面通报颁发管理机关，同时附具企业及有关项目违法违规事实和证明安全生产条件降低的相关询问笔录或其他证据材料。

颁发管理机关接到报告或通报后，应立即组织对相关建筑施工企业（含施工总承包企业和与发生事故直接相关的分包企业）安全生产条件进行复核，并于接到报告或通报之日起 20 日内复核完毕。颁发管理机关复核施工企业及其工程项目安全生产条件，可以直接复核或委托工程所在地建设主管部门复核。被委托的建设主管部门应严格按照法规规章和相关标准进行复核，并及时向颁发管理机关反馈复核结果。复核后，对企业降低安全生产条件的，颁发管理机关应当依法给予企业暂扣安全生产许可证的处罚；属情节特别严重的或者发生特别重大事故的，依法吊销安全生产许可证。

暂扣安全生产许可证处罚视事故发生级别和安全生产条件降低情况，按下列标准执行：

（1）发生一般事故的，暂扣安全生产许可证 30～60 日。

（2）发生较大事故的，暂扣安全生产许可证 60～90 日。

（3）发生重大事故的，暂扣安全生产许可证 90～120 日。

建筑施工企业在 12 个月内第二次发生生产安全事故的，视事故级别和安全生产条件降低情况，分别按下列标准进行处罚：

（1）发生一般事故的，暂扣时限为在上一次暂扣时限的基础上再增加 30 日。

（2）发生较大事故的，暂扣时限为在上一次暂扣时限的基础上再增加 60 日。

（3）发生重大事故的，或按本条（1）、（2）处罚，暂扣时限超过 120 日的，吊销安全生产许可证。

12 个月内同一企业连续发生三次生产安全事故的，吊销安全生产许可证。

建筑施工企业瞒报、谎报、迟报或漏报事故的，在前暂扣时限的基础上，再处延长暂扣期 30～60 日的处罚。暂扣时限超过 120 日的，吊销安全生产许可证。

建筑施工企业在安全生产许可证暂扣期内，拒不整改的，吊销其安全生产许可证。

建筑施工企业安全生产许可证被暂扣期间，企业在全国范围内不得承揽新的工程项目。发生问题或事故的工程项目停工整改，经工程所在地有关建设主管部门核查合格后方可继续施工。

建筑施工企业安全生产许可证被吊销后，自吊销决定作出之日起一年内不得重新申请安全生产许可证。

建筑施工企业安全生产许可证暂扣期满前 10 个工作日，企业需向颁发管理机关提出发还安全生产许可证申请。颁发管理机关接到申请后，应当对被暂扣企业安全生产条件进行复查，复查合格的，应当在暂扣期满时发还安全生产许可证；复查不合格的，增加暂扣期限直至吊销安全生产许可证。

颁发管理机关应建立建筑施工企业安全生产许可动态监管激励制度。对于安全生产工作成效显著、连续三年及以上未被暂扣安全生产许可证的企业，在评选各级各类安全生产先进集体和个人、文明工地、优质工程等时可以优先考虑，并可根据本地实际情况在监督管理时采取有关优惠政策措施。

颁发管理机关应将建筑施工企业安全生产许可证审批、延期、暂扣、吊销情况，于做出有关行政决定之日起 5 个工作日内录入全国建筑施工企业安全生产许可证管理信息系统，并对录入信息的真实性和准确性负责。

3.3　建筑施工企业"安管人员"考核任职制度

依据《建筑施工企业主要负责人、项目负责人和专职安全生产管理人员安全生产管理规定》（中华人民共和国住房和城乡建设部令第 17 号）和《住房城乡建设部关于印发建筑施工企业主要负责人、项目负责人和专职安全生产管理人员安全生产管理规定实施意见的通知》（建质〔2015〕206号）的规定，为贯彻落实《中华人民共和国安全生产法》、《建设工程安全生产管理条例》等法律法规，加强房屋建筑和市政基础设施工程施工安全监督管理，提高建筑施工企业主要负责人、项目负责人和专职安全生产管理人员（以下合称"安管人员"）的安全生产管理能力，对建筑施工企业"安管人员"进行考核认定。在中华人民共和国境内从事房屋建筑和市政基础设施工程施工活动的建筑施工企业的"安管人员"，参加安全生产考核，履行安全生产责任，以及对其实施安全生产监督管理，应当符合《建筑施工企业主要负责人、项目负责人和专职安全生产管理人员安全生产管理规定》的规定。

1. "安管人员"的范围

"安管人员"是指建筑施工企业主要负责人、项目负责人、专职安全生产管理人员。

企业主要负责人，是指对本企业生产经营活动和安全生产工作具有决策权的领导人员，包括法定代表人、总经理（总裁）、分管安全生产的副总经理（副总裁）、分管生产经营的副总经理（副总裁）、技术负责人、安全总监等。

项目负责人，是指取得相应注册执业资格，由企业法定代表人授权，负责具体工程项目管理的人员。

专职安全生产管理人员，是指在企业专职从事安全生产管理工作的人员，包括企业安全生产管理机构的人员和工程项目专职从事安全生产管理工作的人员，分为机械、土建、综合三类。机械类专职安全生产管理人员可以从事起重机械、土石方机械、桩工机械等安全生产管理工作。土建类专职安全生产管理人员可以从事除起重机械、土石方机械、桩工机械等安全生产管理工作以外的安全生产管理工作。综合类专职安全生产管理人员可以从事全部安全生产管理工作。

2. 申请安全生产考核应具备的条件

申请建筑施工企业主要负责人安全生产考核，应当具备下列条件：

（1）具有相应的文化程度、专业技术职称（法定代表人除外）；

（2）与所在企业确立劳动关系；

（3）经所在企业年度安全生产教育培训合格。

申请建筑施工企业项目负责人安全生产考核，应当具备下列条件：

（1）取得相应注册执业资格；

（2）与所在企业确立劳动关系；

（3）经所在企业年度安全生产教育培训合格。

申请专职安全生产管理人员安全生产考核，应当具备下列条件：

（1）年龄已满18周岁未满60周岁，身体健康；

（2）具有中专（含高中、中技、职高）及以上文化程度或初级及以上技术职称；

（3）与所在企业确立劳动关系，从事施工管理工作两年以上；

（4）经所在企业年度安全生产教育培训合格。

3. 安全生产考核要点与方式

（1）安全生产考核包括安全生产知识考核和管理能力考核。

安全生产知识考核内容包括：建筑施工安全的法律法规、规章制度、标准规范，建筑施工安全管理基本理论等。

安全生产管理能力考核内容包括：建立和落实安全生产管理制度、辨识和监控危险性较大的分部分项工程、发现和消除安全事故隐患、报告和处置生产安全事故等方面的能力。

（2）安全生产知识考核可采用书面或计算机答卷的方式；安全生产管理能力考核可采用现场实操考核或通过视频、图片等模拟现场考核方式。

（3）机械类专职安全生产管理人员及综合类专职安全生产管理人员安全生产管理能力考核内容必须包括攀爬塔吊及起重机械隐患识别等。

4. 安全生产考核合格证书的相关要求

（1）"安管人员"应当通过其受聘企业，向企业工商注册地的省、自治区、直辖市人民政府住房城乡建设主管部门（以下简称考核机关）申请安全生产考核，并取得安全生产考核合格证书。

（2）安全生产考核合格证书有效期为 3 年，证书在全国范围内有效。"安管人员"的安全生产考核合格证书由住建部统一规定样式。证书编号应遵照《关于建筑施工企业主要负责人、项目负责人和专职安全生产管理人员安全生产考核合格证书有关问题的通知》（建办质〔2004〕23 号）有关规定。

（3）安全生产考核合格证书延续应在有效期届满前 3 个月内，经所在企业向原考核机关申请，符合下列条件的准予证书延续：

1）在证书有效期内未因生产安全事故或者安全生产违法违规行为受到行政处罚；

2）信用档案中无安全生产不良行为记录；

3）企业年度安全生产教育培训合格，且在证书有效期内参加县级以上住房城乡建设主管部门组织的安全生产教育培训时间满 24 学时。

准予证书延续的，证书有效期延续 3 年。不符合证书延续条件的应当申请重新考核。不办理证书延续的，证书自动失效。

（4）安全生产考核合格证书的变更。"安管人员"变更受聘企业的，应当与原聘用企业解除劳动关系，并通过新聘用企业到考核机关申请办理证书变更手续。"安管人员"跨省更换受聘企业的，应到原考核发证机关办理证书转出手续。原考核发证机关应为其办理包含原证书有效期限等信息的证书转出证明；"安管人员"持相关证明通过新受聘企业到该企业工商注册所在地的考核发证机关办理新证书。新证书应延续原证书的有效期。

（5）安全生产考核合格证书的暂扣和撤销。建筑施工企业专职安全生产管理人员未按规定履行安全生产管理职责，导致发生一般生产安全事故的，考核机关应当暂扣其安全生产考核合格证书六个月以上一年以下。建筑施工企业主要负责人、项目负责人和专职安全生产管理人员未按规定履行安全生产管理职责，导致发生较大及以上生产安全事故的，考核机关应当撤销其安全生产考核合格证书。

（6）"安管人员"遗失安全生产考核合格证书的，应当在公共媒体上声明作废，通过其受聘企业向原考核机关申请补办。

（7）"安管人员"不得涂改、倒卖、出租、出借或者以其他形式非法转让安全生产考核合格证书。

5. 监督管理的相关要求

（1）县级以上人民政府住房城乡建设主管部门应当依照有关法律法规和本规定，对"安管人员"持证上岗、教育培训和履行职责等情况进行监督检查。

（2）县级以上人民政府住房城乡建设主管部门在实施监督检查时，应当有两名以上监督检查人员参加，不得妨碍企业正常的生产经营活动，不得索取或者收受企业的财物，不得谋取其他利益。

有关企业和个人对依法进行的监督检查应当协助与配合，不得拒绝或者阻挠。

（3）县级以上人民政府住房城乡建设主管部门依法进行监督检查时，发现"安管人员"有违反本规定行为的，应当依法查处并将违法事实、处理结果或者处理建议告知考核机关。

（4）考核机关应当建立本行政区域内"安管人员"的信用档案。违法违规行为、被投诉举报处理、行政处罚等情况应当作为不良行为记入信用档案，并按规定向社会公开。

"安管人员"及其受聘企业应当按规定向考核机关提供相关信息。

6. 法律责任的相关要求

（1）"安管人员"隐瞒有关情况或者提供虚假材料申请安全生产考核的，考核机关不予考核，并给予警告；"安管人员"1年内不得再次申请考核。

（2）"安管人员"以欺骗、贿赂等不正当手段取得安全生产考核合格证书的，由原考核机关撤销安全生产考核合格证书；"安管人员"3年内不得再次申请考核。

（3）"安管人员"涂改、倒卖、出租、出借或者以其他形式非法转让安全生产考核合格证书的，由县级以上地方人民政府住房城乡建设主管部门给予警告，并处1000元以上5000元以下的罚款。

（4）建筑施工企业未按规定开展"安管人员"安全生产教育培训考核，或者未按规定如实将考核情况记入安全生产教育培训档案的，由县级以上地方人民政府住房城乡建设主管部门责令限期改正，并处2万元以下的罚款。

（5）建筑施工企业有下列行为之一的，由县级以上人民政府住房城乡建设主管部门责令限期改正；逾期未改正的，责令停业整顿，并处2万元以下的罚款；导致不具备《安全生产许可证条例》规定的安全生产条件的，应当依法暂扣或者吊销安全生产许可证：

1）未按规定设立安全生产管理机构的；

2）未按规定配备专职安全生产管理人员的；

3）危险性较大的分部分项工程施工时未安排专职安全生产管理人员现场监督的；

4）"安管人员"未取得安全生产考核合格证书的。

（6）"安管人员"未按规定办理证书变更的，由县级以上地方人民政府住房城乡建设主管部门责令限期改正，并处1000元以上5000元以下的罚款。

（7）主要负责人、项目负责人未按规定履行安全生产管理职责的，由县级以上人民政府住房城乡建设主管部门责令限期改正；逾期未改正的，责令建筑施工企业停业整顿；造成生产安全事故或者其他严重后果的，按照《生产安全事故报告和调查处理条例》的有关规定，依法暂扣或者吊销安全生产考核合格证书；构成犯罪的，依法追究刑事责任。

主要负责人、项目负责人有前款违法行为，尚不够刑事处罚的，处 2 万元以上 20 万元以下的罚款或者按照管理权限给予撤职处分；自刑罚执行完毕或者受处分之日起，5 年内不得担任建筑施工企业的主要负责人、项目负责人。

（8）专职安全生产管理人员未按规定履行安全生产管理职责的，由县级以上地方人民政府住房城乡建设主管部门责令限期改正，并处 1000 元以上 5000 元以下的罚款；造成生产安全事故或者其他严重后果的，按照《生产安全事故报告和调查处理条例》的有关规定，依法暂扣或者吊销安全生产考核合格证书；构成犯罪的，依法追究刑事责任。

3.4 安全监督检查制度

1. 安全生产监督管理的含义

依据《中华人民共和国安全生产法》（2014 年 8 月 31 日发布、2014 年 12 月 1 日实施）的相关规定，安全生产工作应当以人为本，坚持安全发展，坚持安全第一、预防为主、综合治理的方针，强化和落实生产经营单位的主体责任，建立生产经营单位负责、职工参与、政府监管、行业自律和社会监督的机制。

国务院有关部门依照本法和其他有关法律、行政法规的规定，在各自的职责范围内对有关行业、领域的安全生产工作实施监督管理；县级以上地方各级人民政府应当根据本行政区域内的安全生产状况，组织有关部门按照职责分工，对本行政区域内容易发生重大生产安全事故的生产经营单位进行严格检查；安全生产监督管理部门应当按照分类分级监督管理的要求，制定安全生产年度监督检查计划，并按照年度监督检查计划进行监督检查，发现事故隐患，应当及时处理。

建筑安全生产监督管理是指各级人民政府、建设行政主管部门及其授权的建筑安全生产监督机构，对于建筑安全生产所实施的行业监督管理。凡从事房屋建筑、土木工程、设备安装、管线敷设等施工和构配件生产活动的单位及个人，都必须接受建设行政主管部门及其授权的建筑安全生产监督机构的行业监督管理，并依法接受国家安全监察。

2. 《建设工程安全生产管理条例》第五章的规定内容

（1）政府安全监督检查的管理体制；

1）国务院负责安全生产监督管理的部门依照《中华人民共和国安全生产法》的规定，对全国建设工程安全生产工作实施综合监督管理。

2）县级以上地方人民政府负责安全生产监督管理的部门依照《中华人民共和国安全生产法》的规定，对本行政区域内建设工程安全生产工作实施综合监督管理。

3）国务院建设行政主管部门对全国的建设工程安全生产实施监督管理。国务院铁路、交通、水利等有关部门按照国务院规定的职责分工，负责有关专业建设工程安全生产的监督管理。

4）县级以上地方人民政府建设行政主管部门对本行政区域内的建设工程安全生产实施监督管理。县级以上地方人民政府交通、水利等有关部门在各自的职责范围内，负责本行政区域内的专业建设工程安全生产的监督管理。

（2）政府安全监督检查的职责与权限

1）建设行政主管部门和其他有关部门应当将依法批准开工报告的建设工程和拆除工程的有关备案资料主要内容，抄送同级负责安全生产监督管理的部门。

2）建设行政主管部门在审核发放施工许可证时，应当对建设工程是否有安全施工措施进行审查，对没有安全施工措施的，不得颁发施工许可证。

3）建设行政主管部门或者其他有关部门对建设工程是否有安全施工措施进行审查时，不得收取费用。

4）县级以上人民政府负有建设工程安全生产监督管理职责的部门在各自的职责范围内履行安全监督检查职责时，有权采取下列措施：

① 要求被检查单位提供有关建设工程安全生产的文件和资料；

② 进入被检查单位施工现场进行检查；

③ 纠正施工中违反安全生产要求的行为；

④ 对检查中发现的安全事故隐患，责令立即排除；重大安全事故隐患排除前或者排除过程中无法安全的，责令从危险区域内撤出作业人员或者暂时停止施工。

5）建设行政主管部门或者其他有关部门可以将施工现场的监督检查委托给建设工程安全监督机构具体实施。

6）国家对严重危及施工安全的工艺、设备、材料实行淘汰制度。具体目录由国务院建设行政主管部门会同国务院其他有关部门制定并公布。

7）县级以上人民政府建设行政主管部门和其他有关部门应当及时受理对建设工程生产安全事故及安全事故隐患的检举、控告和投诉。

县级以上人民政府负有建设工程安全生产监督管理职责的部门在各自的职责范围内履行安全监督检查职责时，有权纠正施工中违反安全生产要求的行为，责令立即排除检查中出现的安全事故隐患，对重大隐患可以责令暂时停止施工。建设行政主管部门或者其他有关部门可以将施工现场的安全监督检查委托给建设工程安全监督机构具体实施。

3. 《建筑工程安全生产监督管理工作导则》（建质〔2005〕184号）规定的主要内容

建设行政主管部门应当依照有关法律法规，针对有关责任主体和工程项目，健全完善以下安全生产监督管理制度：

建筑施工企业安全生产许可证制度；

建筑施工企业"三类人员"安全生产任职考核制度；

建筑工程安全施工措施备案制度；

建筑工程开工安全条件审查制度；

施工现场特种作业人员持证上岗制度；

施工起重机械使用登记制度；

建筑工程生产安全事故应急救援制度；

危及施工安全的工艺、设备、材料淘汰制度；

法律法规规定的其他有关制度。

各地区建设行政主管部门可结合实际，在本级机关建立以下安全生产工作制度：

1）建筑工程安全生产形势分析制度。定期对本行政区域内建筑工程安全生产状况进行多角度、全方位分析，找出事故多发类型、原因和安全生产管理薄弱环节，制定相应措施，并发布建筑工程安全生产形势分析报告。

2）建筑工程安全生产联络员制度。在本行政区域内各市、县及有关企业中设置安全生产联络员，定期召开会议，加强工作信息动态交流，研究控制事故的对策、措施，部署和安排重大工作。

3）建筑工程安全生产预警提示制度。在重大节日、重要会议、特殊季节、恶劣天气到来和施工高峰期之前，认真分析和查找本行政区域建筑工程安全生产薄弱环节，深刻吸取以往年度同时期曾发生事故的教训，有针对性地提早作出符合实际的安全生产工作部署。

4）建筑工程重大危险源公示和跟踪整改制度。开展本行政区域建筑工程重大危险源的普查登记工作，掌握重大危险源的数量和分布状况，经常性的向社会公布建筑工程重大危险源名录、整改措施及治理情况。

5）建筑工程安全生产监管责任层级监督与重点地区监督检查制度。监督检查下级建设行政主管部门安全生产责任制的建立和落实情况、贯彻执行安全生产法规政策和制定各项监管措施情况；根据安全生产形势分析，结合重大事故暴露出的问题及在专项整治、监管工作中存在的突出问题，确定重点监督检查地区。

6）建筑工程安全重特大事故约谈制度。上级建设行政主管部门领导要与事故发生地建设行政主管部门负责人约见谈话，分析事故原因和安全生产形势，研究工作措施。事故发生地建设行政主管部门负责人要与发生事故工程的建设单位、施工单位等有关责任主体的负责人进行约谈告诫，并将约谈告诫记录向社会公示。

7）建筑工程安全生产监督执法人员培训考核制度。对建筑工程安全生产监督执法人员定期进行安全生产法律、法规和标准、规范的培训，并进行考核，考核合格的方可上岗。

8）建筑工程安全监督管理档案评查制度。对建筑工程安全生产的监督检查、行政处罚、事故处理等行政执法文书、记录、证据材料等立卷归档。

9）建筑工程安全生产信用监督和失信惩戒制度。将建筑工程安全生产各方责任主体和从业人员安全生产不良行为记录在案，并利用网络、媒体等向全社会公示，加大安全生产社会监督力度。

3.5　安全生产责任制度

安全生产责任制度就是对各级负责人、各职能部门以及各类施工人员在管理和施工过程中，应当承担的责任做出明确的规定。具体来说，就是将安全生产责任分解到施工单位的主要负责人、项目负责人、班组长以及每个岗位的作业人员身上。安全生产责任制度是施工企业最基本的安全管理制度，是施工企业安全生产管理的核心和中心环节。依据《建设工程安全生产管理条例》和《建筑施工安全检查标准》的相关规定，安全生产责任制度的主要内容如下：

（1）安全生产责任制度主要包括施工企业主要负责人的安全责任，负责人或其他副职的安全责任，项目负责人（项目经理）的安全责任，生产、技术、材料等各职能管理负责人及其工作人员的安全责任，技术负责人（工程师）的安全责任、专职安全生产管理人员的安全责任、施工员的安全责任、班组长的安全责任和岗位人员的安全责任等。

（2）项目对各级、各部门安全生产责任制应规定检查和考核办法，并按规定期限进行考核，对考核结果及兑现情况应有记录。

（3）项目独立承包的工程在签订承包合同中必须有安全生产工作的具体指标和要求。工地由多单位施工时，总分包单位在签订分包合同的同时要签订安全生产合同（协议），签订合同前要检查分包单位的营业执照、企业资质证、安全资格证等。分包队伍的资质应与工程要求相符，在安全合同中应明确总分包单位各自的安全职责，原则上，实行总承包的由总承包单位负责，分包单位向总包单位负责，服从总包单位对施工现场的安全管理。分包单位在其分包范围内建立施工现场安全生产管理制度，并组织实施。

（4）项目的主要工种应有相应的安全技术操作规程，一般应包括：砌筑、拌灰、混凝土、木作、钢筋、机械、电气焊、起重司索、信号指挥、塔司、架子、水暖、油漆等工种，特种作业应另行补充。应将安全技术操作规程列为日常安全活动和安全教育的主要内容，并应悬挂在操作岗位前。

（5）施工现场应按工程项目大小配备专（兼）职安全人员。可按建筑面积 1 万 m^2 以下的工地至少有一名专职人员；1 万 m^2 以上的工地设 2～3 名专职人员；5 万 m^2 以上的大型工地，按不同专业组成安全管理组进行安全监督检查。

3.6　安全生产教育培训制度

《建筑法》第四十六条规定："建筑施工企业应当建立健全劳动安全教育培训制度，加强对企业安全生产的教育培训，未经安全生产教育培训的人员，不得上岗作业"；《建设工程安全生产管理条例》中关于建筑施工企业"安管人员"安全生产考核管理的规定，在国家法律法规层面确立了安全生产教育培训的重要地位。除进行一般安全教育外，特种作业人员培训还要执行《特种作业人员安全技术培训考核管理规定》（安监总局令第 80 号，自 2015 年 7 月 1 日起施行）的有关规定，按国家、行为、地方和企业规定进行本工种专业培训、资格考核、取得《特种作业人员操作证》后上岗。

1. 安全教育培训的方法

（1）在职的工作现场的安全教育。工作场所内，上级给下级传授安全生产经验，或由老工人对新工人传授安全操作的方法和注意事项。边看，边听，边模仿操作，不间断生产。

（2）离开工作现场脱产的系统的安全教育。通过系统的安全教育，传授全面系统的安全知识，这是企业安全教育的基础性工作。这些教育内容随不同行业，不同企业有很大的差异。须由企业自己去组织教学，使职工掌握本企业所需的全部安全知识。

（3）安全操作技能的培训。在实际操作过程或使用模拟器进行操作技能的培训，使操作技能形成之初就完成规程的操作习惯之后，再纠正就要花费两倍以上的精力和时间。模拟器设计可模拟各种操作情境，例如航空驾驶舱、汽车驾驶室、各种自动化生产线的中央控制室、甚至可模拟出地震时化学工厂中央控制室的紧急操作状态。模拟器一般需要电脑及其连锁装置来模拟出各种操作情境。

（4）演讲法。其优点是听讲人数不受限制，越多越好，气氛的感染力越浓。效果取决于演讲人和演讲内容，演讲人的威望是一个重要因素。

采用职工进行演讲比赛的方法效果很好，提高了职工的参与感，亲切感。自己讲安全，知道自己的行动，更具有主动精神。

（5）讨论法。一般先确定主题，选择适当的案例，结合具体操作情境，讨论解决安全问题的对策。讨论的议题必须是大家最关心的安全问题，或者是多数人暂时还没有意识但却是客观存在的关键问题。通过讨论可以集思广益，互相启迪，提高安全意识，交流安全经验，达成共识，统一安全步调。

（6）脑力激荡法。为了防止讨论中群体限制个人的发挥，对讨论过程定下一些新的规则：主要是不允许对别人的意见提出反对或批评性意见。不能使用"这是不可能的""这是错误的""这是有矛盾的""不够的""不完善的"等否定性的用语。每个人只讲自己的想法，思路尽可能开阔一些，不怕别人怎么说，但在别人启发下，可以修正或完善自己的看法，也可以自动放弃原来看法，提出新的思路。会议主持人的责任是促使每个人尽可能发挥其聪明才智，把每个人的头脑激荡活跃起来，记录下各种意见想法。

（7）角色扮演法。以不安全操作的场面为素材，制作成剧本，并在现场进行演出，也可以只设情境，要求扮演者即兴表演。担任角色的扮演者和观众都能通过表演，理解什么是安全行为，什么是不安全行为。通过角色扮演可以促使操作人员互相理解，提高他们之间的协调意识。角色扮演之后，把大家集中起来进行简短的讨论，能进一步提高教育效果。角色扮演法强调实用性和参与性。

（8）视听方法。随着现代科技的发展和视听器材的普及，以及各种视听教材的出版发行，通过视听方法进行安全教育已经被广泛采用。这种教育方法直观易懂，可以让人们看到平时看不到或忽略了的细节，了解酿成事故的来龙去脉，传授防止事故的方法和技巧。

（9）安全活动。也就是集中一段时间开展各种形式的安全活动（例如，安全周，安全月）。提出活动的中心口号，围绕中心口号开展强有力的宣传活动，做到人人皆知。设计多种形式的有关安全的宣传教育活动，开展评比、竞赛、交流、展览、办报、广播、录像、讲座、参观等多种活动，吸引尽可能多的人参加到活动中来。通过安全运动增强每一个人和群体的安全意识，营造出企业的安全生产气氛，使之成为企业文化的重要组成部分。

（10）安全检查。检查不仅是纠正种种不安全现象的强制性工作过程，也是进行有针对性的安全教育的过程。为加强教育效果，提倡自检和互检，以及再次学习安全规章制度的活动。

2. 教育和培训的形式与内容

教育和培训按等级、层次和工作性质分别进行，管理人员的重点是安全生产意识和安全管理水平，操作者的重点是遵章守纪、自我保护和提高防范事故的能力。新工人（包括合同工、临时工、学徒工、实习和代培人员）必须进行公司、工地和班组的三级安全教育。教育内容包括安全生产方针、政策、法规、标准及安全技术知识、设备性能、操作规程、安全制度、严禁事项及本工种的安全操作规程。电工、焊工、加工、司炉工、爆破工、机操工及起重工、打桩机和各种机动车辆司机等特殊工种工人，除进行一般安全教育外，还要经过本工程的专业安全技术教育。采用新工艺、新技术、新设备施工和调换工作岗位时，对操作人员进行新技术、新岗位的安全教育。

（1）新工人三级安全教育

对新工人或调换工种的工人，必须按照规定进行安全教育和技术培训，经考核合格，方准上岗。

三级安全教育是每个刚进企业的新工人必须接受的首次安全生产方面的基本教育，三级安全教育是指公司（即企业）、项目（或工程处，施工处、工区）、班组这三级。对新工人或调换工种的工人，必须按照规定进行安全教育和技术培训，经考核合格，方准上岗。

公司级。新工人在分配到施工队之前，必须进行初步的安全教育。教育内容如下：

1）劳动保护的意义和任务的一般教育；

2）安全生产方针、政策、法规、标准、规程和安全知识；

3）企业安全规章制度等。

项目（或工程处，施工处、工区）级。项目教育是新工人被分配到项目以后进行的安全教育。教育内容如下：

1）建安工人安全生产技术操作一般规定；

2）施工现场安全管理规章制度；

3）安全生产纪律和文明生产要求；

4）对施工程基本情况，包括现场环境、施工特点，可能存在不安全因素的危险作业部位及必须遵守的事项。

班组级。岗位教育是新工人分配到班组后，开始工作前的一级教育。教育内容如下：

1）本人从事施工生产工作的性质，必要的安全知识，机具设备及安全防护设备的性能和作用；

2）本工种安全操作规程；

3）班组安全生产、文明施工基本要求和劳动纪律；

4）本工种事故案例剖析、易发事故部位及劳防用品的使用要求。

三级教育的要求：

1）三级教育一般由企业的安全、教育、劳动、技术等部门配合进行。

2）受教育者必须经过考试合格后才准予进入生产岗位。

3）给每一名职工建立职工劳动保护教育卡，记录三级教育、变换工种教育等教育考核情况，并由教育者由受教育者双方签字后入册。

（2）特种作业人员培训

1）季节性，如冬期、夏期、雨雪大、汛台期施工；

2）节假日前后；

3）节假日加班或突击赶任务；

4）工作对象改变；

5）工种变换；

6）新工艺、新材料、新技术、新设备施工；

7）发现事故隐患或发生事故后；

8）新进入现场等。

（3）三类人员的安全培训教育

施工单位的主要负责人是安全生产的第一负责人，必须经过考核合格后，做到持证上岗。在施工现场，项目负责人是施工项目安全生产的第一责任者，也必须持证上岗，加强对队伍培训，使安全管理进入规范化。

（4）安全生产的经常性教育

建筑施工企业应把经常性的安全教育贯穿于管理工作的全过程，并根据接受教育对象的不同特点，采取多层次、多渠道和多种方法进行。安全生产宣传教育多种多样，应贯彻及时性、严肃性、真实性、做到简明、醒目，具体形式如下：

1）施工现场（车间）入口处的安全纪律牌。

2）举办安全生产训练班、讲座、报告会、故事分析会。

3）建立安全保护教育室，举办安全保护展览。

4）举办安全保护广播，印发安全保护简报、通报等，办安全保护黑板报、宣传栏。

5）张挂安全保护挂图和宣传画、安全标志和标语口号。

6）举办安全保护文艺演出、放映安全保护音像制品。

7）组织家属做职工安全生产思想工作。

（5）班前安全活动

班组长在班前进行上岗交流，上岗教育，做好上岗记录。

1）上岗交底。交当天的作业环境、气候情况、主要工作内容和各个环节的操作安全要求，以及特殊工种的配合。

2）上岗检查。查上岗人员的劳动防护情况，每个岗位周围作业环境是否安全无患，机械设备的安全保险装置是否完好有效，以及各类安全技术措施的落实情况等。

3. 建筑施工企业"安管人员"安全教育培训

为规范对建筑施工企业"安管人员"的安全生产考核工作，建设部于2004年制定《中央管理的建筑施工企业（集团公司、总公司）主要负责人、项目负责人和专职安全生产管理人员安全生产考核管理实施细则》。由于不同的对象对掌握的知识和内容有所区别，因此对于三类人员安全教育内容、方式应依对象的不同而不同。

（1）建筑施工企业负责人的安全教育培训

建筑企业负责人的安全教育培训内容：

1）国家有关安全生产的方针、政策、法律和法规及有关行业的规章、规范和标准；

2）建筑施工企业安全生产管理的基本知识、方法与安全生产技术，有关行业安全生产管理专业知识；

3）重、特大事故防范、应急救援措施及调查处理方法，重大危险源管理与应急救援预案编制原则；

4）企业安全生产责任制和安全生产规章制度的内容、制定和方法；

5）国内外先进的安全生产管理经验；

6）典型事故案例分析。

建筑企业负责人安全教育培训的目标：

通过建筑施工企业的负责人进行安全教育培训，使他们在思想和意识上树立"安全第一"的哲学观、尊重人的情感观、安全是效益的经济观、预防为主的科学观。

"安全第一"的哲学观：在思想认识上高于其他工作；在组织机构上赋予其一定的责、权、利；在资金安排上，其规划程度和重视程度，重于其他工作所需的资金；在知识的更新上，安全知识（规章）学习先于其他知识培训和学习；在检查考核上，安全的检查评比严于其他考核工作；当安全与生产、安全与经济、安全与效益发生矛盾时，安全优先。

尊重人的情感观：企业负责人在具体的管理与决策过程中，应树立"以人为本，尊重与爱护职工"的情感观。

安全是效益的经济观：实现安全生产，保护职工的生命安全与健康，不仅是企业的工作责任和任务，而且是保障生产顺利进行、企业经济效益实现的基本条件。"安全就是效益"，安全不仅能"减损"而且能"增值"。

预防为主的科学观：要高效、高质量地实现企业的安全生产，必须采用现代的科学技术和安全管理技术，变纵向单因素管理为横向综合管理；变事后处理为预先分析；变事故管理为隐患管理；变静态被动管理为动态主动管理，实现本质安全化。

（2）项目负责人的安全教育培训

建筑施工企业项目负责人的安全教育培训内容：

1）国家有关安全生产的方针政策、法律法规、部门规章、标准及有关规范件，本地区有关安全生产的法规、规章、标准及规范性文件；

2）工程项目安全生产管理的基本知识和相关专业知识；

3）重大事故防范、应急救援措施，报告制度及调查处理方法；

4）企业和项目安全生产责任制和安全生产规章制度的内容、制定方法；

5）施工现场安全生产监督检查的内容和方法；

6）国内外安全生产管理经验；

7）典型事故案例分析。

建筑施工企业项目负责人的安全教育培训目标：

1) 掌握多学科的安全技术知识。建筑施工企业项目负责人除必须具备的建筑生产知识外，在安全方面还必须具备一定的知识、技能，应该具有企业安全管理、劳动保护、机械安全、电气安全、防火防爆、工业卫生、环境保护等多学科的知识。

2) 提高安全生产管理水平的方法。如何不断提高安全生产管理水平，是建筑施工企业项目负责人工作重点之一。

3) 熟悉国家的安全生产法规、规章制度体系。

4) 具备安全系统理论、现代安全管理、安全决策技术、安全生产规律、安全生产基本理论和安全规程的知识。

（3）专职安全生产管理人员的安全教育培训

专职安全管理人员安全教育培训的内容：

1) 国家有关安全生产的法律、法规、政策及有关行业安全生产的规章、规程、规范和标准；

2) 安全生产管理知识、安全生产技术、劳动卫生知识和安全文化知识，有关行业安全生产管理专业知识；

3) 工伤保险的法律、法规、政策；

4) 伤亡事故和职业病统计、报告及调查处理方法；

5) 事故现场勘验技术，以及应急处理措施；

6) 重大危险源管理与应急救援预案编制方法；

7) 国内外先进的安全生产管理经验；

8) 典型事故案例。

专职安全管理人员安全教育培训的目标：

随着建筑业的不断发展，建筑施工企业对安全专职管理人员的要求越来越高。传统的单一功能的安全员，即仅会照章检查的安全员，已不能满足企业生产、经营、管理和发展的需要。通过对企业专职安全管理人员的安全教育，除了具有系列安全知识体系外，还应该要有广博的知识和敬业精神。

4. 培训效果检查

对安全教育与培训效果检查的检查主要是以下几个方面：

（1）检查施工单位的安全教育制度。建筑施工单位要广泛开展安全生产的宣传教育，使各级领导和广大职工真正认识到安全生产的重要性、必要性，懂得安全生产、文明施工的科学知识，牢固树立安全第一的思想，自觉地遵守各项安全生产法令和规章制度。因此，企业要建立健全安全教育和培训考核制度。

（2）检查新入厂工人未进行三级安全教育。现场临时劳务工多，发生伤亡事故主要的多在临时劳务工之中，因此在三级安全教育上，应把临时劳务工作为新入厂工人对待。新工人（包括合同工、临时工、学徒工、实习和代培人员）都必须进行三级安全教育。主要检查施工单位、工区、班组对新入厂工人的三级教育考核记录。

（3）检查安全教育内容。应把相关安全教育内容整合成册，作为安全教育的重要内容，做到人手一册，除此之外，企业、工程处、项目经理部、班组都要有具体的安全教育内容。电工、焊工、架工、司炉工、爆破工、机械工及起重工、打桩机和各种机动车辆司机等特殊工种的安全教育内容。经教育合格后，方准独立操作，每年还要复审。对从事有尘毒危害作业的工人，要进行尘毒危害和防治知识教育，也应有安全教育内容。

（4）检查交换工种时是否进行安全教育。各种工人及特殊工种工人除懂得一般安装生产知识外，尚要懂各自的安全技术操作规程，当采用新技术、新工艺、新设备施工和调换工作岗位时，要对操作人员进行新技术操作和新岗位的安全教育，未经教育不得上岗操作。主要检查变换工种的工人在调换工种时重新进行安全教育的记录；检查采用新技术、新工艺、新设备施工时，应有进行新技术操作安全教育的记录。

（5）检查工人对本工种安全技术操作规程的熟悉程度。该条是考核各工种工人掌握培训内容的熟悉程度，也是施工单位对各工种工人安全教育效果的检验。按培训内容，到施工现场（车间）进行随机抽查各工种工人对本工种安全技术操作规程的问答，各工种工人宜抽 2 人以上进行问答。

（6）检查施工管理人员的年度培训。各级建设行政主管部门若行文规定施工单位的施工管理人员进行年度有关安全生产方面的培训，施工单位应按各级建设行政主管部门文件规定，安排施工管理人员去培训。施工单位内部也要规定施工管理人员每年进行一次有关安全生产的培训学习。主要检查施工管理人员是否进行年度培训的记录。

（7）检查专职安全员的年度培训考核情况。建设部、各省、自治区、直辖市建设行政主管部门规定专职安全员要进行年度培训考核，具体由各县级、地区（市）级建设行政主管部门经办。建筑企业应根据上级建设行政主管部门的规定，对本企业的专职安全员进行年度培训考核，提高专职安全员的专业技术水平和安全生产的管理水平。按上级建设行政管理部门和本企业有关安全生产管理文件，核查专职安全员是否进行年度培训考核及考核是否合格，未进行安全培训的或考核不合格的，是否仍在岗工作等。

3.7　建设工程和拆除工程备案制度

1. 建设工程备案制度

依法批准开工报告的建设工程，建设单位应当自开工报告批准之日起 15 日内，将保证安全施工的措施报送建设工程所在地的县级以上地方人民政府建设行政主管部门或者其他有关部门备案。

2. 拆除工程备案制度

建设单位应当将拆除工程发包给具有相应资质等级的施工单位。建设单位应当在拆除工程施工 15 日前，将下列资料报送建设工程所在地的县级以上地方人民政府建设行政主管部门或者其他有关部门备案：

（1）施工单位资质等级证明；

（2）拟拆除建筑物、构筑物及可能危及毗邻建筑的说明；

（3）拆除施工组织方案；

（4）堆放、清除废弃物的措施。

实施爆破作业的，应当遵守国家有关民用爆炸物品管理的规定。

3.8 特种作业人员持证上岗制度

《建设工程安全生产管理条例》第二十五条规定：垂直运输机械作业人员、起重机械安装拆卸工、爆破作业人员、起重信号工、登高架设作业人员等特种作业人员，必须按照国家有关规定经过专门的安全作业培训，并取得特种作业操作资格证书后，方可上岗作业。

2015年7月1日实施的《特种作业人员安全技术培训考核管理规定》规定，特种作业人员必须经专门的安全技术培训并考核合格，取得《中华人民共和国特种作业操作证》（以下简称特种作业操作证）后，方可上岗作业。

1. 特种作业定义

特种作业，是指容易发生事故，对操作者本人、他人的安全健康及设备、设施的安全可能造成重大危害的作业。特种作业的范围由特种作业目录规定。

2. 特种作业人员具备的条件

（1）年满18周岁，且不超过国家法定退休年龄；

（2）经社区或者县级以上医疗机构体检健康合格，并无妨碍从事相应特种作业的器质性心脏病、癫痫病、美尼尔氏症、眩晕症、癔症、震颤麻痹症、精神病、痴呆症以及其他疾病和生理缺陷；

（3）具有初中及以上文化程度；

（4）具备必要的安全技术知识与技能；

（5）相应特种作业规定的其他条件。

3. 培训内容

（1）安全技术理论；

（2）实际操作技能。

4. 考核、发证

（1）特种作业人员的考核包括考试和审核两部分。考试由考核发证机关或其委托的单位负责；审核由考核发证机关负责。

（2）特种作业操作证有效期为6年，在全国范围内有效。特种作业操作证每3年复审1次。

（3）特种作业人员在特种作业操作证有效期内，连续从事本工种10年以上，严格遵守有关安全生产法律法规的，经原考核发证机关或者从业所在地考核发证机关同意，特种作业操作证的复审时间可以延长至每6年1次。

（4）特种作业操作证申请复审或者延期复审前，特种作业人员应当参加必要的安全培训并考试合格。安全培训时间不少于8个学时，主要培训法律、法规、标准、事故案例和有关新工艺、新技术、新装备等知识。

（5）离开特种作业岗位6个月以上的特种作业人员，应当重新进行实际操作考试，经确认合格后方可上岗作业。

3.9 危大工程专项施工方案管理制度

依据《建设工程安全生产管理条例》第二十六条和《危险性较大的分部分项工程安全管理办法》（住房和城乡建设部令第37号）的规定，施工单位应当在危险性较大的分部分项工程施工前编制专项方案，对于超过一定规模的危险性较大的分部分项工程，施工单位应当组织专家对专项方案进行论证。

危险性较大的分部分项工程是指建筑工程在施工过程中存在的、可能导致作业人员群死群伤或造成重大不良社会影响的分部分项工程。危险性较大的分部分项工程安全专项施工方案（以下简称"专项方案"），是指施工单位在编制施工组织（总）设计的基础上，针对危险性较大的分部分项工程单独编制的安全技术措施文件。建筑工程实行施工总承包的，专项方案应当由施工总承包单位组织编制。其中，起重机械安装拆卸工程、深基坑工程、附着式升降脚手架等专业工程实行分包的，其专项方案可由专业承包单位组织编制。

（1）专项方案编制应当包括以下内容：

1）工程概况：危险性较大的分部分项工程概况、施工平面布置、施工要求和技术保证条件。

2）编制依据：相关法律、法规、规范性文件、标准、规范及图纸（国标图集）、施工组织设计等。

3）施工计划：包括施工进度计划、材料与设备计划。

4）施工工艺技术：技术参数、工艺流程、施工方法、检查验收等。

5）施工安全保证措施：组织保障、技术措施、应急预案、监测监控等。

6）劳动力计划：专职安全生产管理人员、特种作业人员等。

7）计算书及相关图纸。

（2）专项方案应当由施工单位技术部门组织本单位施工技术、安全、质量等部门的专业技术人员进行审核。经审核合格的，由施工单位技术负责人签字。实行施工总承包的，专项方案应当由总承包单位技术负责人及相关专业承包单位技术负责人签字。

不需专家论证的专项方案，经施工单位审核合格后报监理单位，由项目总监理工程师审核签字。

（3）超过一定规模的危险性较大的分部分项工程专项方案应当由施工单位组织召开专家论证会。实行施工总承包的，由施工总承包单位组织召开专家论证会。下列人员应当参加专家论证会：

1）专家组成员；

2）建设单位项目负责人或技术负责人；

3）监理单位项目总监理工程师及相关人员；

4）施工单位分管安全的负责人、技术负责人、项目负责人、项目技术负责人、专项方案编制人员、项目专职安全生产管理人员；

5）勘察、设计单位项目技术负责人及相关人员。

专家组成员应当由 5 名及以上符合相关专业要求的专家组成。本项目参建各方的人员不得以专家身份参加专家论证会。

（4）专家论证的主要内容：

1）专项方案内容是否完整、可行；

2）专项方案计算书和验算依据是否符合有关标准规范；

3）安全施工的基本条件是否满足现场实际情况。

专项方案经论证后，专家组应当提交论证报告，对论证的内容提出明确的意见，并在论证报告上签字。该报告作为专项方案修改完善的指导意见。

专项方案经论证后需做重大修改的，施工单位应当按照论证报告修改，并重新组织专家进行论证。

3.10　建筑起重机械安全监督管理制度

建筑起重机械，是指纳入特种设备目录，在房屋建筑工地和市政工程工地安装、拆卸、使用的起重机械。《建设工程安全生产管理条例》第三十五条规定："施工单位应当自施工起重机械和整体提升脚手架、模板等自升式架设设施验收合格之日起三十日内，向建设行政主管部门或者其他有关部门登记。登记标志应当置于或者附着于该设备的显著位置。"该条内容规定了施工起重机械使用时必须进行登记的管理制度。《建筑起重机械安全监督管理规定》（建设部令第 166 号）中，对建筑起重机械的租赁、安装、拆卸、使用及其监督管理进行详细规定。

国务院建设主管部门对全国建筑起重机械的租赁、安装、拆卸、使用实施监督管理。县级以上地方人民政府建设主管部门对本行政区域内的建筑起重机械的租赁、安装、拆卸、使用实施监督管理。

出租单位出租的建筑起重机械和使用单位购置、租赁、使用的建筑起重机械应当具有特种设备制造许可证、产品合格证、制造监督检验证明。出租单位在建筑起重机械首次出租前，自购建筑起重机械的使用单位在建筑起重机械首次安装前，应当持建筑起重机械特种设备制造许可证、产品合格证和制造监督检验证明到本单位工商注册所在地县级以上地方人民政府建设主管部门办理备案。出租单位应当在签订的建筑起重机械租赁合同中，明确租赁双方的安全责任，并出具建筑起重机械特种设备制造许可证、产品合格证、制造监督检验证明、备案证明和自检合格证明，提交安装使用说明书。

有下列情形之一的建筑起重机械，不得出租、使用：

1）属国家明令淘汰或者禁止使用的；

2）超过安全技术标准或者制造厂家规定的使用年限的；

3）经检验达不到安全技术标准规定的；

4）没有完整安全技术档案的；

5）没有齐全有效的安全保护装置的。

建筑起重机械有 1)、2)、3) 项情形之一的，出租单位或者自购建筑起重机械的使用单位应当予以报废，并向原备案机关办理注销手续。

出租单位、自购建筑起重机械的使用单位，应当建立建筑起重机械安全技术档案。建筑起重机械安全技术档案应当包括以下资料：

1) 购销合同、制造许可证、产品合格证、制造监督检验证明、安装使用说明书、备案证明等原始资料；

2) 定期检验报告、定期自行检查记录、定期维护保养记录、维修和技术改造记录、运行故障和生产安全事故记录、累计运转记录等运行资料；

3) 历次安装验收资料。

从事建筑起重机械安装、拆卸活动的单位（以下简称安装单位）应当依法取得建设主管部门颁发的相应资质和建筑施工企业安全生产许可证，并在其资质许可范围内承揽建筑起重机械安装、拆卸工程。

建筑起重机械使用单位和安装单位应当在签订的建筑起重机械安装、拆卸合同中明确双方的安全生产责任。实行施工总承包的，施工总承包单位应当与安装单位签订建筑起重机械安装、拆卸工程安全协议书。

安装单位应当履行下列安全职责：

1) 按照安全技术标准及建筑起重机械性能要求，编制建筑起重机械安装、拆卸工程专项施工方案，并由本单位技术负责人签字；

2) 按照安全技术标准及安装使用说明书等检查建筑起重机械及现场施工条件；

3) 组织安全施工技术交底并签字确认；

4) 制定建筑起重机械安装、拆卸工程生产安全事故应急救援预案；

5) 将建筑起重机械安装、拆卸工程专项施工方案，安装、拆卸人员名单，安装、拆卸时间等材料报施工总承包单位和监理单位审核后，告知工程所在地县级以上地方人民政府建设主管部门。

安装单位应当按照建筑起重机械安装、拆卸工程专项施工方案及安全操作规程组织安装、拆卸作业。安装单位的专业技术人员、专职安全生产管理人员应当进行现场监督，技术负责人应当定期巡查。建筑起重机械安装完毕后，安装单位应当按照安全技术标准及安装使用说明书的有关要求对建筑起重机械进行自检、调试和试运转。自检合格的，应当出具自检合格证明，并向使用单位进行安全使用说明。

安装单位应当建立建筑起重机械安装、拆卸工程档案。建筑起重机械安装、拆卸工程档案应当包括以下资料：

1) 安装、拆卸合同及安全协议书；

2) 安装、拆卸工程专项施工方案；

3) 安全施工技术交底的有关资料；

4) 安装工程验收资料；

5) 安装、拆卸工程生产安全事故应急救援预案。

建筑起重机械安装完毕后，使用单位应当组织出租、安装、监理等有关单位进行验收，或者委托具有相应资质的检验检测机构进行验收。建筑起重机械经验收合格后方可投入使用，未经验收或者验收不合格的不得使用。实行施工总承包的，由施工总承包单位组织验收。

建筑起重机械在验收前应当经有相应资质的检验检测机构监督检验合格。检验检测机构和检验检测人员对检验检测结果、鉴定结论依法承担法律责任。

使用单位应当自建筑起重机械安装验收合格之日起 30 日内，将建筑起重机械安装验收资料、建筑起重机械安全管理制度、特种作业人员名单等，向工程所在地县级以上地方人民政府建设主管部门办理建筑起重机械使用登记。登记标志置于或者附着于该设备的显著位置。使用单位应当履行下列安全职责：

1）根据不同施工阶段、周围环境以及季节、气候的变化，对建筑起重机械采取相应的安全防护措施；

2）制定建筑起重机械生产安全事故应急救援预案；

3）在建筑起重机械活动范围内设置明显的安全警示标志，对集中作业区做好安全防护；

4）设置相应的设备管理机构或者配备专职的设备管理人员；

5）指定专职设备管理人员、专职安全生产管理人员进行现场监督检查；

6）建筑起重机械出现故障或者发生异常情况的，立即停止使用，消除故障和事故隐患后，方可重新投入使用。

使用单位应当对在用的建筑起重机械及其安全保护装置、吊具、索具等进行经常性和定期的检查、维护和保养，并做好记录。使用单位在建筑起重机械租期结束后，应当将定期检查、维护和保养记录移交出租单位。

建筑起重机械租赁合同对建筑起重机械的检查、维护、保养另有约定的，从其约定。

建筑起重机械在使用过程中需要附着的，使用单位应当委托原安装单位或者具有相应资质的安装单位按照专项施工方案实施，并按照规定组织验收。验收合格后方可投入使用。建筑起重机械在使用过程中需要顶升的，使用单位委托原安装单位或者具有相应资质的安装单位按照专项施工方案实施后，即可投入使用。禁止擅自在建筑起重机械上安装非原制造厂制造的标准节和附着装置。

施工总承包单位应当履行下列安全职责：向安装单位提供拟安装设备位置的基础施工资料，确保建筑起重机械进场安装、拆卸所需的施工条件；审核建筑起重机械的特种设备制造许可证、产品合格证、制造监督检验证明、备案证明等文件；审核安装单位、使用单位的资质证书、安全生产许可证和特种作业人员的特种作业操作资格证书；审核安装单位制定的建筑起重机械安装、拆卸工程专项施工方案和生产安全事故应急救援预案；审核使用单位制定的建筑起重机械生产安全事故应急救援预案；指定专职安全生产管理人员监督检查建筑起重机械安装、拆卸、使用情况；施工现场有多台塔式起重机作业时，应当组织制定并实施防止塔式起重机相互碰撞的安全措施。

监理单位应当履行下列安全职责：审核建筑起重机械特种设备制造许可证、产品合格证、制造监督检验证明、备案证明等文件；审核建筑起重机械安装单位、使用单位的资质证书、安全生产许可证和特种作业人员的特种作业操作资格证书；审核建筑起重机械安装、拆卸工程专项施工方案；监督安装单位执行建筑起重机械安装、拆卸工程专项施工方案情况；监督检查建筑起重机械的使用情况；发现存在生产安全事故隐患的，应当要求安装单位、使用单位限期整改，对安装单位、使用单位拒不整改的，及时向建设单位报告。

依法发包给两个及两个以上施工单位的工程，不同施工单位在同一施工现场使用多台塔式起重机作业时，建设单位应当协调组织制定防止塔式起重机相互碰撞的安全措施。

建筑起重机械安装拆卸工、起重信号工、起重司机、司索工等特种作业人员应当经建设主管部门考核合格，并取得特种作业操作资格证书后，方可上岗作业。建筑起重机械特种作业人员应当遵守建筑起重机械安全操作规程和安全管理制度，在作业中有权拒绝违章指挥和强令冒险作业，有权在发生危及人身安全的紧急情况时立即停止作业或者采取必要的应急措施后撤离危险区域。

建设主管部门履行安全监督检查职责时，有权采取下列措施：要求被检查的单位提供有关建筑起重机械的文件和资料；进入被检查单位和被检查单位的施工现场进行检查；对检查中发现的建筑起重机械生产安全事故隐患，责令立即排除；重大生产安全事故隐患排除前或者排除过程中无法保证安全的，责令从危险区域撤出作业人员或者暂时停止施工。

出租单位、自购建筑起重机械的使用单位、安装单位、使用单位、施工总承包单位、监理单位、建设单位、建设主管部门的工作人员等对建筑起重机械的安全使用和管理具有相应的责任和职责，违反相关规定，会受到相应的处罚。

3.11　危及施工安全的工艺、设备、材料淘汰制度

《建设工程安全生产管理条例》第四十五条规定："国家对严重危及施工安全的工艺、设备、材料实行淘汰制度。具体目录由我部会同国务院其他有关部门制定并公布。"本条是关于对严重危及施工安全的工艺、设备、材料实行淘汰制度的规定。

严重危及施工安全的工艺、设备、材料是指不符合生产安全要求，极有可能导致生产安全事故发生，致使人民生命和财产遭受重大损失的工艺、设备和材料。工艺、设备和材料在建设活动中属于物的因素，相对于人的因素来说，这种因素对安全生产的影响是一种"硬约束"，即只要使用了严重危及施工安全的工艺、设备和材料，即使安全管理措施再严格，人的作用发挥的再充分，也仍难以避免安全生产事故的发生。因此，工艺、设备和材料和建设施工安全息息相关。为了保障人民群众生命和财产安全，本条明确规定，国家对严重危及施工安全的工艺、设备和材料实行淘汰制度。这一方面有利于保障安全生产；另一方面也体现了优胜劣汰的市场经济规律，有利于提高生产经营单位的工艺水平，促进设备更新。

根据本条的规定，对严重危及施工安全的工艺、设备和材料，实行淘汰制度，需要国务院建设行政主管部门会同国务院其他有关部门确定哪些是严重危及施工安全的工

艺、设备和材料，并且以明示的方法予以公布。

对于已经公布的严重危及施工安全的工艺、设备和材料，建设单位和施工单位都应当严格遵守和执行，不得继续使用此类工艺和设备，也不得转让他人使用。

3.12　施工现场消防安全责任制度

1. 防火制度的建立

（1）施工现场都要建立、健全防火检查制度。

（2）建立义务消防队，人数不少于施工总人员的 10%。

（3）建立动用明火审批制度，按规定划分级别，审批手续完善，并有监护措施。

2. 消防器材的配备

（1）临时搭设的建筑物区域内，每 100m² 配备 2 只 10L 灭火器。

（2）大型临时设施总面积超过 1200m²，应备有专供消防用的积水桶（池）、黄砂池等设施，上述设施周围不得堆放物品。

（3）临时木工间、油漆间和木、机具间等每 25m² 配备 1 只种类合适的灭火器，油库危险品仓库应配备足够数量、种类合适的灭火器。

（4）24m 高度以上高层建筑施工现场，应设置具有足够扬程的高压水泵或其他防火设备和设施。

3. 施工现场的防火要求

（1）各单位在编制施工组织设计时，施工总平面图、施工方法和施工技术均要符合消防安全要求。

（2）施工现场应明确划分用火作业、易燃可燃材料堆场、仓库、易燃废品集中站和生活区等区域。

（3）施工现场夜间应有照明设备，保持消防车通道畅通无阻，并要安排力量加强值班巡逻。

（4）施工作业期间需搭设临时性建筑时，必须经施工企业技术负责人批准，施工结束应及时拆除。但不得在高压架空下面搭设临时性建筑物或堆放可燃物品。

（5）施工现场应配备足够的消防器材，指定专人维护、管理、定期更新，保证完整好用。

（6）在土建施工时，应先将消防器材和设施配备好，有条件的，应敷设好室外消防水管和消火栓。

（7）焊、割作业点与氧气瓶、电石桶和乙炔发生器等危险物品的距离不得少于10m，与易燃爆物品的距离不得少于 30m；如达不到上述要求的，应执行动火审批制度，并采取有效的安全隔离措施。

（8）乙炔发生器和氧气瓶的存放之间距离不得小于 2m，使用时，二者的距离不得小于 5m。

（9）氧气瓶、乙炔发生器等焊割设备上的安全附件应完整有效，否则不准使用。

（10）施工现场的焊、割作用，必须符合防火要求，严格执行"十不烧"规定。

（11）冬期施工采用保温加热措施时，应符合以下要求：

1）采用电热器加温，应设电压调整器控制电压，导线应绝缘良好，连接牢固，并在现场设置多处测量点。

2）采用锯末生石灰蓄热，应选择安全配方比，并经工程技术人员同意后方可使用。

3）采用保温或加热措施前，应进行安全教育，施工过程中，应安排专人巡逻检查，发现隐患及时处理。

（12）施工现场的动火作业，必须执行审批制度。

1）一级动火作业由所在单位行政负责人填写动火申请表，编制安全技术措施方案，报公司保卫部门及消防部门审查批准后，方可动火。

2）二级动火作业由所在工地、车间的负责人填写动火申请表，编制安全技术措施方案，报本单位主管部门审查批准后，方可动火。

3）三级动火作业由所在班级填写动火申请表，经工地、车间负责人及主管人员审查批准后，方可动火。

4）古建筑和重要文物单位等场所动火作业，按一级动火手续上报审批。

3.13　生产安全事故报告制度

《建设工程安全生产管理条例》第五十条对建设工程生产安全事故报告制度的规定为："施工单位发生生产安全事故，应当按照国家有关伤亡事故报告和调查处理的规定，及时、如实地向负责安全生产监督管理的部门、建设行政主管部门或者其他有关部门报告；特种设备发生事故的，还应当同时向特种设备安全监督管理部门报告。接到报告的部门应当按照国家有关规定，如实上报。"

本条是关于发生伤亡事故时的报告义务的规定。

一旦发生安全事故，及时报告有关部门是及时组织抢救的基础，也是认真进行调查分清责任的基础。因此，施工单位在发生安全事故时，不能隐瞒事故情况。

对于生产安全事故报告制度，我国《安全生产法》、《建筑法》等对生产安全事故报告作了相应的规定。如《安全生产法》第七十条规定："生产经营单位发生生产安全事故后，事故现场有关人员应当立即报告本单位负责人。""单位负责人接到事故报告后，应当迅速采取有效措施，组织抢救，防止事故扩大，减少人员伤亡和财产损失，并按照国家有关规定立即如实报告当地负有安全生产监督管理职责的部门，不得隐瞒不报、谎报或者拖延不报，不得故意破坏事故现场、毁灭有关证据。"《建筑法》第五十一条规定："施工中发生事故时，建筑施工企业应当采取紧急措施减少人员伤亡和事故损失，并按照国家有关规定及时向有关部门报告。"

施工单位发生生产安全事故，应当按照国家有关伤亡事故报告和调查处理的规定，及时、如实地向负责安全生产监督管理的部门、建设行政主管部门或者其他有关部门报告。负责安全生产监督管理的部门对全国的安全生产工作负有综合监督管理的职能，因此，其必须了解企业事故的情况。同时，有关调查处理的工作也需要由其来组织，所以施工单位应当向负责安全生产监督管理的部门报告事故情况。建设行政主管部门是建设安全生产的监督管理部门，对建设安全生产实行的是统一的监督管理，因此，各个行业的建设施工中出现了安全事故，都应当向建设行政主管部门报告。对于专业工程的施工中出现生产安全事故的，由于有关的专业主管部门也承担着对建设安全生产的监督管理职能，因此，专业工程出现安全事故，还需要向有关行业主管部门报告。

2007年6月1日起施行的《生产安全事故报告和调查处理条例》对安全事故的报告和调查处理进行了明确的规定。

事故报告应当及时、准确、完整，任何单位和个人对事故不得迟报、漏报、谎报或者瞒报。县级以上人民政府应当依照本条例的规定，严格履行职责，及时、准确地完成事故调查处理工作。事故发生地有关地方人民政府应当支持、配合上级人民政府或者有关部门的事故调查处理工作，并提供必要的便利条件。参加事故调查处理的部门和单位应当互相配合，提高事故调查处理工作的效率。

生产安全事故报告程序：

（1）事故发生后，事故现场有关人员应当立即向本单位负责人报告；单位负责人接到报告后，应当于1小时内向事故发生地县级以上人民政府安全生产监督管理部门和负有安全生产监督管理职责的有关部门报告。

（2）情况紧急时，事故现场有关人员可以直接向事故发生地县级以上人民政府安全生产监督管理部门和负有安全生产监督管理职责的有关部门报告。

（3）安全生产监督管理部门和负有安全生产监督管理职责的有关部门接到事故报告后，应当依照下列规定上报事故情况，并通知公安机关、劳动保障行政部门、工会和人民检察院：

特别重大事故、重大事故逐级上报至国务院安全生产监督管理部门和负有安全生产监督管理职责的有关部门；

较大事故逐级上报至省、自治区、直辖市人民政府安全生产监督管理部门和负有安全生产监督管理职责的有关部门；

一般事故上报至设区的市级人民政府安全生产监督管理部门和负有安全生产监督管理职责的有关部门。

（4）安全生产监督管理部门和负有安全生产监督管理职责的有关部门依照前款规定上报事故情况，应当同时报告本级人民政府。国务院安全生产监督管理部门和负有安全生产监督管理职责的有关部门以及省级人民政府接到发生特别重大事故、重大事故的报告后，应当立即报告国务院。

（5）必要时，安全生产监督管理部门和负有安全生产监督管理职责的有关部门可以越级上报事故情况。

（6）安全生产监督管理部门和负有安全生产监督管理职责的有关部门逐级上报事故情况，每级上报的时间不得超过2小时。

（7）报告事故应当包括下列内容：

事故发生单位概况；

事故发生的时间、地点以及事故现场情况；

事故的简要经过；

事故已经造成或者可能造成的伤亡人数（包括下落不明的人数）和初步估计的直接经济损失；

已经采取的措施；

其他应当报告的情况。

事故报告后出现新情况的，应当及时补报。

（8）自事故发生之日起 30 日内，事故造成的伤亡人数发生变化的，应当及时补报。道路交通事故、火灾事故自发生之日起 7 日内，事故造成的伤亡人数发生变化的，应当及时补报。

（9）事故发生单位负责人接到事故报告后，应当立即启动事故相应应急预案，或者采取有效措施，组织抢救，防止事故扩大，减少人员伤亡和财产损失。

（10）事故发生地有关地方人民政府、安全生产监督管理部门和负有安全生产监督管理职责的有关部门接到事故报告后，其负责人应当立即赶赴事故现场，组织事故救援。

（11）事故发生后，有关单位和人员应当妥善保护事故现场以及相关证据，任何单位和个人不得破坏事故现场、毁灭相关证据。

因抢救人员、防止事故扩大以及疏通交通等原因，需要移动事故现场物件的，应当做出标志，绘制现场简图并做出书面记录，妥善保存现场重要痕迹、物证。

（12）事故发生地公安机关根据事故的情况，对涉嫌犯罪的，应当依法立案侦查，采取强制措施和侦查措施。犯罪嫌疑人逃匿的，公安机关应当迅速追捕归案。

（13）安全生产监督管理部门和负有安全生产监督管理职责的有关部门应当建立值班制度，并向社会公布值班电话，受理事故报告和举报。

《建设工程安全生产管理条例》还规定了实行施工总承包的施工单位发生安全事故时的报告义务主体。本条例第二十四条规定："建设工程实行施工总承包的，由总承包单位对施工现场的安全生产负总责。"因此，一旦发生安全事故，施工总承包单位应当负起及时报告的义务。

3.14 生产安全事故应急救援制度

1. 应急救援预案的主要规定

（1）县级以上地方人民政府建设行政主管部门应当根据本级人民政府的要求，制定本行政区域内建设工程特大生产安全事故应急救援预案。

（2）施工单位应当制定本单位生产安全事故应急救援预案，建立应急救援组织或者配备应急救援人员，配备必要的应急救援器材、设备，并定期组织演练。

（3）施工单位应当根据建设工程施工的特点、范围，对施工现场易发生重大事故的部位、环节进行监控，制定施工现场生产安全事故应急救援预案。实行施工总承包的，由总承包单位统一组织编制建设工程生产安全事故应急救援预案，工程总承包单位和分包单位按照应急救援预案，各自建立应急救援组织或者配备应急救援人员，配备救援器材、设备，并定期组织演练。

（4）工程项目经理部应针对可能发生的事故制定相应的应急救援预案。准备应急救援的物资，并在事故发生时组织实施，防止事故扩大，以减少与之有关的伤害和不利环境影响。

2. 现场应急预案的编制和管理

（1）编制、审核和确认

1）现场应急预案的编制：

应急预案的编制应与安保计划同步编写。根据对危险源与不利环境因素的识别结果，确定可能发生的事故或紧急情况的控制措施失效时所采取的补充措施和抢救行动，以及针对可能随之引发的伤害和其他影响所采取的措施。

应急预案是规定事故应急救援工作的全过程。

应急预案适用于项目部施工现场范围内可能出现的事故或紧急情况的救援和处理。

——应急预案中应明确：应急救援组织，职责和人员的安排，应急救援器材，设备的准备和平时的维护保养。

——在作业场所发生事故时，如何组织抢救，保护事故现场的安排，其中应明确如何抢救，使用什么器材，设备。

——应明确内部和外部联系的方法，渠道，根据事故性质，制定在多少时间内由谁如何向企业上级，政府主管部门和其他有关部门报告，需要通知有关的近邻及消防，救险，医疗等单位的联系方式。

——工作场所内全体人员如何疏散的要求；

——应急救援的方案（在上级批准以后），项目部还应该根据实际情况定期和不定期举行应急救援的演练，检验应急准备工作的能力。

2）现场应急预案的审核和确认：

由施工现场项目经理部的上级有关部门，对应急预案的适宜性进行审核和确认。

（2）现场应急救援预案的内容

应急救援预案可以包括下列内容，但不局限于下列内容：

1）目的；

2）适用范围；

3）引用的相关文件；

4）应急准备。

领导小组组长，副组长及联系电话，组员，办公场所（指挥中心）及电话。

项目经理部应急救援指挥流程图。

急救工具，用具（列出急救的器材，名称）。

5）应急响应：

① 一般事故的应急响应：

当事故或紧急情况发生后，应明确由谁向谁汇报，同时采取什么措施防止事态扩大。

现场领导如何组织处理，同时，在多少时间内向公司领导或主管部门汇报。

② 重大事故的应急响应：

重大事故发生后，由谁在最短时间内向项目领导汇报，如何组织抢救，由谁指挥，配合对伤员，财物的急救处理，防止事故扩大。

项目部立即汇报：向内汇报，多少时间，报告哪个部门，报告的内容；向外报告，什么事故，可以由项目部门直接向外报警，什么事故应由项目部门上级公司向有关部门上报。

6）演练和预案的评价及修改：

项目部还应规定平时定期演练的要求和具体项目。

演练或事故发生后，对应急救援预案的实际效果进行评价和修改预案的要求。

3.15　意外伤害保险制度

根据《建筑法》第四十八条规定，建筑职工意外伤害保险是法定的强制性保险，也是保护建筑业从业人员合法权益，转移企业事故风险，增强企业预防和控制事故能力，促进企业安全生产的重要手段。建设部于 2003 年 5 月 23 日公布了《关于加强建筑意外伤害保险工作的指导意见》（建质〔2003〕10 号），从九个方面对加强和规范建筑意外伤害保险工作提出了较详尽的规定，明确了建筑施工企业应当为施工现场从事施工作业和管理的人员，在施工活动过程中发生的人身意外伤亡事故提供保障，办理建筑意外伤害保险、支付保险费，范围应当覆盖工程项目。同时，还对保险期限、金额、保费、投保方式、索赔、安全服务及行业自保等都提出了指导性意见，其内容如下：

1. 建筑意外伤害保险的范围

建筑施工企业应当为施工现场从事施工作业和管理的人员，在施工活动过程中发生的人身意外伤亡事故提供保障，办理建筑意外伤害保险、支付保险费。范围应当覆盖工程的人身意外伤亡事故提供保障，办理建筑意外伤害保险、支付保险费。范围应当覆盖工程项目。已在企业所在地参加工伤保险的人员，从事现场施工时仍可参加建筑意外伤害保险。

各地建设行政主管部门可根据本地区实际情况，规定建筑意外伤害保险的附加险要求。

2. 建筑意外伤害保险的保险期限

保险期限应涵盖工程项目开工之日到工程竣工验收合格日。提前竣工的，保险责任自行终止。因延长工期的，应当办理保险顺延手续。

3. 建筑意外伤害保险的保险金额

各地建设行政主管部门结合本地区实际情况，确定合理的最低保险金额。最低保险金额要能够保障施工伤亡人员得到有效的经济补偿。施工企业办理建筑意外伤害保险时，投保的保险金额不得低于此标准。

4. 建筑意外伤害保险的保险费

保险费应当列入建筑安装工程费用。保险费由施工企业支付，施工企业不得向职工摊派。

施工企业和保险公司双方应本着平等协商的原则，根据各类风险因素商定建筑意外伤害保险费率，提倡差别费率和浮动费率。差别费率可与工程规模、类型、工程项目风险程度和施工现场环境等因素挂钩。浮动费率可与施工企业安全生产业绩、安全生产管理状况等因素挂钩。对重视安全生产管理、安全业绩好的企业可采用下浮费率；对安全生产业绩差、安全管理不善的企业可采用上浮费率。通过浮动费率机制，激励投保企业安全生产的积极性。

5. 建筑意外伤害保险的投保

施工企业应在工程项目开工前，办理完投保手续。鉴于工程建设项目施工工艺流程中各工种调动频繁、用工流动性大，投保应实行不记名和不计人数的方式。工程项目中有分包单位的由总承包施工企业统一办理，分包单位合理承担投保费用。业主直接发包的工程项目由承包企业直接办理。

各级建设行政主管部门要强化监督管理，把在建工程项目开工前是否投保建筑意外伤害保险情况作为审查企业安全生产条件的重要内容之一；未投保的工程项目，不予发放施工许可证。

投保人办理投保手续后，应将投保有关信息以布告形式张贴于施工现场，告之被保险人。

6. 关于建筑意外伤害保险的索赔

建筑意外伤害保险应规范和简化索赔程序，搞好索赔服务。各地建设行政主管部门要积极创造条件，引导投保企业在发生意外事故后即向保险公司提出索赔，使施工伤亡人员能够得到及时、足额的赔付。各级建设行政主管部门应设置专门电话接受举报，凡被保险人发生意外伤害事故，企业和工程项目负责人隐瞒不报、不索赔的，要严肃查处。

7. 关于建筑意外伤害保险的安全服务

施工企业应当选择能提供建筑安全生产风险管理、事故防范等安全服务和有保险能力的保险公司，以保证事故后能及时补偿与事故前能主动防范。目前还不能提供安全风险管理和事故预防的保险公司，应通过建筑安全服务中介组织向施工企业提供与建筑意外伤害保险相关的安全服务。建筑安全服务中介组织必须拥有一定数量、专业配套、具备建筑安全知识和管理经验的专业技术人员。

安全服务内容可包括施工现场风险评估、安全技术咨询、人员培训、防灾防损设备配置、安全技术研究等。施工企业在投保时可与保险机构商定具体服务内容。

各地建设行政主管部门应积极支持行业协会或者其他中介组织开展安全咨询服务工作，大力培育建筑安全中介服务市场。

8. 关于建筑意外伤害保险行业自保

一些国家和地区结合建筑行业高风险特点，采取建筑意外伤害保险行业自保或企业联合自保形式，并取得一定成功经验。有条件的省（区、市）可根据本地的实际情况，研究探索建筑意外伤害保险行业自保。

3.16　安全生产组织机构设置管理制度

1. 机构设置

施工单位应成立安全生产委员会，负责领导公司安全生产工作。设置独立的安全生产管理机构，在企业主要负责人的领导下开展本企业的安全生产管理工作。

施工企业应当在建设工程项目项目部成立安全生产领导小组，负责施工现场的安全生产工作。建设工程施工总承包的安全生产领导小组应由总承包企业、专业承包企业和劳务分包企业项目经理、技术负责人和专职安全管理人员组成。

2. 安全生产管理人员配备

（1）总承包单位配备专职安全管理人员应满足下列要求：

1）建筑工程、装修工程按照建筑面积配备：1 万 m^2 以下的工程不少 1 人；1 万～5 万 m^2 的工程不少于 2 人；3）5 万 m^2 及以上的工程不少于 3 人，且按专业配备专职安全生产管理人。

2）土木工程、线路管道、设备安装工程按照工程合同价配备：

5000 万元以下的工程不少于 1 人；5000 万～1 亿元的工程不少于 2 人；1 亿元及以上的工程不少于 3 人，且按专业配备专职安全生产管理人员。

（2）分包单位配备项目专职安全管理人员应当满足下列要求：

1）专业承包单位应当配置至少 1 人，并根据所承担的分部分项工程的工程量和施工危险程度增加。

2）劳务分包单位施工人员在 50 人以下的，应当配备 1 名专职安全生产管理人员；50～200 人的，应当配备 2 名专职安全生产管理人员；200 人及以上的，应当配备 3 名及以上专职安全生产管理人员，并根据所承担的分部分项工程施工危险实际情况增加，不得少于工程施工人员总人数的 5‰。

3. 安全员委派制

根据《建筑施工企业安全生产管理机构设置及专职安全生产管理人员配备办法》的相关规定，建设工程项目部安全管理人员的上岗、变动应实行委派制，未经上级安全管理部门审核批准的不得担任专职安全生产管理人员。

4. 职责责任

（1）建筑施工企业安全生产管理机构具有以下职责：

1）宣传和贯彻国家有关安全生产法律法规和标准；

2）编制并适时更新安全生产管理制度并监督实施；

3）组织或参与企业生产安全事故应急救援预案的编制及演练；

4）组织开展安全教育培训与交流；

5）协调配备项目专职安全生产管理人员；

6）制订企业安全生产检查计划并组织实施；

7）监督在建项目安全生产费用的使用；

8）参与危险性较大工程安全专项施工方案专家论证会；

9）通报在建项目违规违章查处情况；

10）组织开展安全生产评优评先表彰工作；

11）建立企业在建项目安全生产管理档案；

12）考核评价分包企业安全生产业绩及项目安全生产管理情况；

13）参加生产安全事故的调查和处理工作；

14）企业明确的其他安全生产管理职责。

（2）施工企业在建工程项目部安全生产领导小组的主要职责：

1）贯彻落实国家有关安全生产法律法规和标准；

2）组织制定项目安全生产管理制度并监督实施；

3）编制项目生产安全事故应急救援预案并组织演练；

4）保证项目安全生产费用的有效使用；

5）组织编制危险性较大工程安全专项施工方案；

6）开展项目安全教育培训；

7）组织实施项目安全检查和隐患排查；

8）建立项目安全生产管理档案；

9）及时、如实报告安全生产事故。

（3）建筑施工企业安全生产管理机构专职安全生产管理人员在施工现场检查过程中具有以下职责：

1）查阅在建项目安全生产有关资料、核实有关情况；

2）检查危险性较大工程安全专项施工方案落实情况；

3）监督项目专职安全生产管理人员履责情况；

4）监督作业人员安全防护用品的配备及使用情况；

5）对发现的安全生产违章违规行为或安全隐患，有权当场予以纠正或做出处理决定；

6）对不符合安全生产条件的设施、设备、器材，有权当场做出查封的处理决定；

7）对施工现场存在的重大安全隐患有权越级报告或直接向建设主管部门报告。

8）企业明确的其他安全生产管理职责。

3.17　危险源辨识管理制度

1. 危险源辨识

危险源辨识就是识别危险源并确定其特性的过程。危险源辨识主要是对危险源的识别，对其性质加以判断，对可能造成的危害、影响进行提前进行预防，以确保生产的安全、稳定。

在建工程项目部应组织相关人员成立"危险源辨识小组"，并组织小组成员对本工程中施工环境、人员活动、设施设备、施工过程中可能存在的危险源进行辨识、风险评价，建立项目部《危险源辨识、风险评价和控制措施》、《重大危险因数以及控制措施清单》等，开展项目安全生产管理策划，并报企业相关部门审核。

当作业条件或重大危险源发生较大变化时，应重新进行危险源辨识和评价，补充或修订《危险源辨识、风险评价和控制措施》、《重大危险因数以及控制措施清单》和项目安全生产管理方案。

危险源的辨识应采用 LEC 评价法，该方法用与系统风险有关的三种因素指标值的乘积来评价操作人员伤亡风险大小，这三种因素分别是：L（事故发生的可能性）、E（人员暴露于危险环境中的频繁程度）和 C（一旦发生事故可能造成的后果）。给三种因素的不同等级分别确定不同的分值，再以三个分值的乘积 D（危险性）来评价作业条件危险性的大小，即：

$$D=L×E×C$$

风险值 D 越大，说明该系统危险性越大，需增加安全措施、改变发生事故的可能性、减少人体暴露于危险环境中的频繁程度或减轻事故损失，直至调整到允许范围内。

2. 重大危险源管理

（1）施工单位应加强对重大危险源的控制与管理，制定重大危险源的管理制度，建立施工现场重大危险源的辨识、登记、公示、控制管理体系，明确具体责任，认真组织实施。

（2）按照《危险性较大的分部分项工程安全管理规定》（住房和城乡建设部令第37号）及住房城乡建设部办公厅《关于实施〈危险性较大的分部分项工程安全管理规定〉有关问题的通知》（建办质〔2018〕31号）要求，对存在重大危险源的分部分项工程（以下简称危大工程），施工单位应当在危大工程施工前组织工程技术人员编制专项施工方案。实行施工总承包的，专项施工方案应当由施工总承包单位组织编制。危大工程实行分包的，专项施工方案可以由相关专业分包单位组织编制。

危大工程专项施工方案的主要内容应当包括：1）工程概况；2）编制依据；3）施工计划；4）施工工艺技术；5）施工安全保证措施；6）施工管理及作业人员配备和分工；7）验收要求；8）应急处置措施；9）计算书及相关施工图纸。

危大工程编制的安全专项施工方案必须制定施工安全保证措施，必须对危险源进行辨识，并针对重大危险源制定安全控制措施，具体见表3-1。

某工程危险源辨识、重大危险源及安全控制措施表 表3-1

序号	辨识部位及内容	潜在危险危害因素	可能导致事故	采取控制措施	备注
1	路堑边坡	不稳定	坍塌	严格按施工方案施工,同时派专人监护	
2	桥涵深基坑及钻孔桩	坍塌及坠落	坍塌	严格按安全专项方案施工	
3	架梁	失稳及倒塌	失稳	严格按安全专项方案施工	
4	施工用电	无证操作、用电设备无接地保护、乱接乱搭、未使用安全电压、配电不符合三级配电二级保护的要求	触电	编制临时用电施工组织设计并按报批的组织设计施工。施工现场所有配电箱全部采用合格产品。制定安全用电技术措施和电气防火措施。建立安全检测记录和电工维修工作记录	

序号	辨识部位及内容	潜在危险危害因素	可能导致事故	采取控制措施	备注
5	既有线施工	行车事故	高空坠落撞击伤人	设置警示标志,并派专人指挥有序出入场地	
6	高温作业	项目地处亚热带地区,夏季最高温度可达39℃	高温中暑	调整工人作业时间,设置紧急医务室,并在高温天气供应防暑饮品	
7	生活区	防火措施不当	火灾	配备灭火器	
8	施工区	水源区域防护不当,深基坑或孔洞积水	溺亡	水源区域做好防护,禁止攀爬	
9	高处坠落	使用不当	摔伤	严格按安全专项方案施工	
10	分部分项工程	1. 未对危险性较大的分部分项工程进行识别; 2. 安全专项方案未进行审批; 3. 未组织安全技术交底或交底不细; 4. 未对安全设施设备进行验收; 5. 现场未实施重点监控	各类事故	1. 编制危险性较大的分部分项工程安全专项方案,组织超过一定规模的危险性较大的分部分项工程专家论证,按规定对方案进行审批; 2. 安全措施全面、针对性强,编制人员进行安全技术交底; 3. 严格按方案组织施工,并将相关责任分解落实到人; 4. 保障各项安全技术措施费用的有效投入; 5. 按照施工方案和安全管理要求设置安全防护设施,经过验收合格后挂牌使用,并做好检修、维护和保养,定期检查,确保其有效性; 6. 落实现场重大危险源监测和监控措施,实施动态管控	
11	"三违"行为	1. 缺少必要的劳防用品; 2. 作业人员不能正确使用劳防用品; 3. 违章作业	各类事故	1. 按标准为员工配备合格的劳防用品,对作业人员进行安全教育; 2. 保障各项劳防用品的资金投入; 3. 作业人员按规定佩戴劳防用品,严格执行操作规程,开展班前、班中、班后安全活动; 4. 开展安全生产检查,对劳防用品使用情况进行检查,对违章作业行为进行处理和教育。 5. 加大违章处罚和安全考核力度	

序号	辨识部位及内容	潜在危险危害因素	可能导致事故	采取控制措施	备注
12	分包管理	1. 分包队伍的资质不符合要求； 2. 分包队伍安全管理人员配备不符合要求； 3. 施工过程缺乏对分包队伍的监管	各类事故	1. 组织开展合格分包方评审,对分包单位资质、安全许可证、安全业绩进行审核； 2. 核对分包单位安全管理人员配备及持证情况,检查特种作业人员持证情况,对入场人员进行安全教育； 3. 与分包队伍签订安全生产协议和责任书,明确双方职责； 4. 对分包工程安全专项方案进行审核,开展分包安全技术交底； 5. 对分包队伍入场的设施设备进行安全验收； 6. 对分包工程施工进行过程监控、检查和考核； 7. 对发生生产安全事故、存在重大安全隐患的队伍进行处罚,并按规定予以清退	
13	特种作业人员管理	1. 特种作业人员未取得证书； 2. 特种作业人员未按要求复证	各类事故	1. 对特种作业人员进行培训、考核、办证、复证； 2. 对员工进行安全教育,无特种作业资格证书的人员不得从事特种作业； 3. 对特种作业人员持证情况进行检查,加大考核力度	
14	地下管线	1. 基坑开挖作业时未对地下管道、电缆进行确认和处理； 2. 工人违章施工； 3. 施工过程中监护不力	各类事故	1. 查明、核实施工区域地下管线类别、分布和走向,制定地下管线安全保护措施、专项方案和应急预案； 2. 对作业人员开展安全教育和详细的安全技术交底； 3. 对危及施工安全的地下管线,必须采取临时加固和保护措施,经验收合格后再施工； 4. 对地下管线设置临时标志,并加以保护防止损坏； 5. 机械、人工开挖作业时,确保安全距离； 6. 在施工过程中按要求对地下管线进行监测,作业现场设专人监护	

序号	辨识部位及内容	潜在危险危害因素	可能导致事故	采取控制措施	备注
15	密闭空间	1. 密闭容器(管道)和有毒有害、易燃易爆气体容器(管道)安装作业现场监控不到位； 2. 安全防护措施不全； 3. 现场监护人员不到位； 4. 劳防用品配备不齐全	各类事故	1. 对密闭、有限空间、有毒有害气体作业进行危险源及有害因素识别、评估； 2. 制定专项安全方案和应急救援预案，按规定组织专家论证和审批，并在实施前进行技术交底； 3. 对管理和作业人员进行专项培训和告知，作业人员经体检合格后上岗； 4. 作业前进行多方验收确认，获作业许可证后再组织施工； 5. 配备符合要求的个体防护用品、通信工具、通风设备、检测装置、灭火器材、防爆装置、报警仪器及救援装置； 6. 对各类防护装置和设施进行验收，对现场电气设备与照明措施、机械设备安全进行验收； 7. 作业区域周围设围栏或警戒区、线和标志，按规定做好停气、停电、关闭阀门等，设置"禁止启动"等警告； 8. 对密闭环境作业区域气体浓度进行检测，做到先检测、后监护进入的原则； 9. 落实现场监护人员和管理人员，作业时监控到位，职责履行到位； 10. 现场发现紧急情况，立即组织人员撤离并启动应急预案； 11. 作业完成后，对作业人员、设备和物品的撤离情况进行确认	
16	职业健康防护	1. 施工现场发生粉尘、噪声、高温、机械振动、辐射、中毒等职业危害； 2. 作业场所职业病危害因素识别不充分； 3. 作业场所、人员防护措施不到位	各类事故	1. 组织开展职业病危害因素的识别、评价，建立职业健康管理档案； 2. 制定职业危害防治措施和控制方案，编制职业病危害事故应急预案； 3. 对从事有毒有害的作业人员进行岗前、岗中和离岗体检，对有职业禁忌人员进行筛选； 4. 对有职业病危害的作业人员进行教育并告知危害； 5. 保障、落实职业病防治所需资金投入，为作业人员配备职业病防护用品； 6. 开展作业场所职业危害因素检测、评价和日常监测，作业环境满足要求后方可开展施工； 7. 作业现场职业危害控制措施落实到位，防护设施落实到位，设置警示标识； 8. 对作业场所职业健康管理进行监督和检查，对发现的问题及时进行整改，发生职业病危害事故立即启动应急预案	

（3）专项施工方案应当由施工单位技术负责人审核签字、加盖单位公章，并由总监理工程师审查签字、加盖执业印章后方可实施。

危大工程实行分包并由分包单位编制专项施工方案的，专项施工方案应当由总承包单位技术负责人及分包单位技术负责人共同审核签字并加盖单位公章。

凡属建办质〔2018〕31号文中规定的超过一定规模的危大工程，建筑施工企业应当组织专家对专项施工方案进行审查论证，具体见本书3.9节专项施工方案专家论证审查制度。

（4）对存在重大危险部位的施工，施工单位应按专项施工方案，由工程技术人员严格进行技术交底，并有书面记录和签字，确保作业人员清楚掌握施工方案的技术要领。重大危险部位的施工应按方案实施，凡涉及验收项目，方案编制人员应参加验收，并及时形成验收记录。

（5）施工单位应对从事重大危险部位施工作业的施工队伍、特种作业人员进行登记造册，掌握作业队伍，采取有效措施，在作业活动中对作业人员进行管理、控制并及时分析存在的不安全行为。

（6）监理单位应对重大危险源专项施工方案进行审核，对施工现场重大危险源的辨识、登记、公示、控制情况进行监督管理，对重大危险部位作业进行旁站监理。对旁站过程中发现的安全隐患及时开具监理通知单，问题严重的有权停止施工。对整改不力或拒绝整改的，应及时将有关情况报当地建设行政主管部门或建设工程安全监督管理机构。

（7）建设单位要保证用于重大危险源防护措施所需的费用及时划拨；施工单位要将施工现场重大危险源的安全防护、文明施工措施费单独列支，保证专款专用。

（8）施工单位应对施工项目建立重大危险源档案，每周组织有关人员对施工现场的重大危险源进行安全检查，并做好施工安全检查记录。

（9）建设行政主管部门及建设工程安全监督管理机构应对施工现场的重大危险源进行安全检查，并做好施工安全检查记录。

3.18　安全检查验收制度

1. 安全检查制度

建筑施工企业必须认真贯彻"安全第一、预防为主、综合治理"的安全生产方针，遵守并执行安全生产相关的法律法规、标准规范和规章制度，监督和促进施工企业安全生产责任制的落实，加强安全生产动态监管，规范各级安全生产检查行为。

项目安全部是项目部的日常工作机构，在项目分管生产的副经理的领导下全面负责项目安全检查工作的整体部署、监督考核、检查指导。负责编制项目年度安全检查实施计划，定期组织开展项目级安全生产检查，指导、监督、考核各分单位开展安全检查和隐患治理工作，并掌握项目安全生产的实际情况，定期做好安全检查的分析、总结，为项目安全生产领导小组正确决策提供信息和依据。

（1）安全检查的内容

建筑工程施工安全检查以查安全思想、查安全责任、查安全制度、查安全措施、查安全防护、查设备设施、查教育培训、查操作行为、查劳动防护用品使用、查伤亡事故处理等为主要内容。

1）查安全思想主要是检查以项目经理为首的项目全体员工以及施工作业人员的安全意识和对待安全生产工作的重视程度。

2）查安全责任主要是检查施工安全生产责任制的建立、安全生产责任制的交底、安全生产责任制的考核、安全生产目标的分解等。

3）查安全制度主要是检查施工现场各项安全管理制度的建立以及各项安全技术操作的建立和落实。

4）查安全措施主要是检查安全专项施工方案的编制、审核、审批以及实施情况。检查方案中安全技术措施是否全面，是否有针对性。

5）查安全防护主要检查施工现场各类安全防护措施是否完善，包括临边、洞口、脚手架等。

6）查设备设施主要是建设施工现场使用的设备设施的购置、租赁、安装、验收、使用、维护保养等各个环节是否满足要求。设备设施的安全防护装置是否满足要求。

7）查教育培训主要是检查施工教育培训计划、教育培训内容、三级安全教育、进场教育、特种作业人员持证上岗情况、教育培训档案等。

8）查操作行为主要是检查施工作业人员有无违章作业、违反劳动纪律；施工现场管理人员有无违章指挥。

9）查劳动防护用品主要是检查劳防用品的采购、质量、数量和使用情况是否满足国家或行业标准。

10）查伤亡事故主要是检查现场是否发生伤亡事故，对发生的伤亡事故是否已经按照"四不放过"的原则进行了调查和处理，是否已编制有针对性纠正和预防措施，编制的纠正和预防措施是否已经得到落实等。

（2）安全检查的主要形式

安全检查的形式有多种多样，主要包括日常巡检、专项检查、定期安全检查、经常性安全检查、季节性安全检查、节假日安全检查、开、复工安全检查、专业性安全检查等。对于已开展的安全检查应如实填写《安全检查记录表》、《隐患整改措施记录表》，对检查的安全隐患应做到"定人、定时间、定措施"整改。

（3）安全检查的标准

安全检查的标准执行现行国家标准《建筑施工安全检查标准》JGJ 59—2011，将安全检查进行定量化评价，使安全检查更加规范化、标准化。

"建筑施工安全检查评分汇总表"中主要内容包括安全管理、文明施工、脚手架、基坑工程、模板支架、高处作业、施工用电、物料提升机和施工升降机、塔式起重机与起重吊装、施工机具 10 项内容。并且将安全检查分为保证项目和一般项目，以各项得分作为一个施工现场安全生产管理情况的综合评价依据。

2. 安全验收制度

在建工程项目部应建立安全验收制度，在各类设施搭设完毕后，应由建设单位、施工单位、监理单位等共同参与验收，安全验收资料应由参与验收人员进行签字确认，不得代签或打印。对于验收不合格的安全防护设施必须整改符合要求后，方可使用或进入下一道施工工序。分部分项工程应分段组织验收，验收合格后，方可使用或进入下一道施工工序。

安全验收的范围应包括施工现场围挡、施工现场装配式活动板房、装配式轻钢结构活动板房、基坑支护、降水、土方开挖、临时用电、模板工程与支撑体系、落地式钢管扣件脚手架、悬挑式脚手架、门式脚手架、悬挑卸料平台、落地式卸料平台、临边、洞口安全防护设施、安全防护棚搭设、攀登作业以及其他分部分项工程需要验收的内容。

项目各类安全防范用具、设施、架体和设备进入施工现场或投入使用前必须经过验收后方能投入使用。

项目自有（租赁）及各分包单位的安全防范用具及设施必须严格执行验收制度。

经专家论证的超过一定规模的危险性较大工程，由项目经理部组织具体验收工作，公司相关部门参与验收。

施工现场使用的各种特种劳动防护用品在验收时应备案各种特种劳动防护用品合格检测报告及出厂合格证等。

各类验收应填写验收记录，参加验收的各方签字确认后交项目经理部安全管理部门存档。

3.19 安全生产费用管理制度

施工单位安全费用（以下简称安全费用），是指施工单位按照规定标准提取在成本中列支的，用于购置和更新施工安全防护用具及设施、改进企业安全生产条件和作业环境所需要的资金。安全生产费用应按照"企业提取、政府监管、确保需要、规范使用"的原则进行管理。

1. 提取标准

建设工程施工企业以建筑安装工程造价为计取依据。各建筑工程类别安全费用提取标准如下：

（1）矿山工程为 2.5%；

（2）房屋建筑工程、水利水电工程、电力工程、铁路工程、城市轨道交通工程为 2.0%；

（3）市政公用工程、冶炼工程、机电安装工程、化工石油工程、港口与航道工程、公路工程、通信工程为 1.5%。

2. 安全费用的使用

（1）建设工程施工企业安全费用应当按照以下范围使用：

1）完善、改造和维护安全防护设施设备（不含"三同时"要求初期投入的安全设施）支出，包括施工现场临时用电系统、洞口、临边、机械设备、高处作业防护、交叉作业防护、防火、防爆、防尘、防毒、防雷、防台风、防地质灾害、地下工程有害气体监测、通风、临时安全防护等设施设备支出；

2）配备、维护、保养应急救援器材、设备支出和应急演练支出；

3）开展重大危险源和事故隐患评估、监控和整改支出；

4）安全生产检查、咨询、评价（不包括新建、改建、扩建项目安全评价）和标准化建设支出；

5）配备和更新现场作业人员安全防护用品支出；

6）安全生产宣传、教育、培训支出；

7）安全生产适用的新技术、新装备、新工艺、新标准的推广应用支出；

8）安全设施及特种设备检测检验支出；

9）其他与安全生产直接相关的支出。

（2）在符合《企业安全生产费用提取和使用管理办法》规定使用范围内，企业应当将安全费用优先用于满足安全生产监督管理部门、煤矿安全监察机构以及行业主管部门对企业安全生产提出的整改措施或者达到安全生产标准所需的支出。

（3）企业提取的安全费用应当专户核算，按规定范围安排使用，不得挤占、挪用。年度结余资金结转下年度使用，当年计提安全费用不足的，超出部分按正常成本费用渠道列支。

（4）工程总承包单位对建筑工程安全防护、文明施工措施费的使用负总责。总承包单位应当按照本规定及合同约定及时向分包单位支付安全防护、文明施工措施费。总承包单位不按规定和合同约定支付费用，造成分包单位不能及时落实安全防护措施导致发生事故的，由总承包单位负主要责任。

3. 监督管理

（1）企业应当建立健全内部安全费用管理制度，明确安全费用提取和使用的程序、职责及权限，按规定提取和使用安全费用。

（2）企业应当加强安全费用管理，编制年度安全费用提取和使用计划，纳入企业财务预算。企业年度安全费用使用计划和上一年安全费用的提取、使用情况按照管理权限报同级财政部门、安全生产监督管理部门、煤矿安全监察机构和行业主管部门备案。

（3）企业安全费用的会计处理，应当符合国家统一的会计制度的规定。

（4）企业提取的安全费用属于企业自提自用资金，其他单位和部门不得采取收取、代管等形式对其进行集中管理和使用，国家法律、法规另有规定的除外。

第4章 施工现场管理与文明施工

施工现场的管理与文明施工是安全生产的重要组成部分。安全生产是树立以人为本的管理理念，保护社会弱势群体的重要体现；文明施工是现代化施工的一个重要标志，是施工企业一项基础性的管理工作，坚持文明施工具有重要意义。安全生产与文明施工是相辅相成的，建筑施工安全生产不但要保证职工的生命财产安全，同时要加强现场管理，保证施工井然有序，改变过去脏乱差的面貌，对提高投资效益和保证工程质量也具有深远意义。

4.1 施工现场的平面布置与划分

施工现场的平面布置图是施工组织设计的重要组成部分，必须科学合理的规划，绘制出施工现场平面布置图，在施工实施阶段按照施工总平面图要求，设置道路、组织排水、搭建临时设施、堆放物料和设置机械设备等。

4.1.1 施工总平面图编制的依据

(1) 工程所在地区的原始资料，包括建设、勘察、设计单位提供的资料；
(2) 原有和拟建建筑工程的位置和尺寸；
(3) 施工方案、施工进度和资源需要计划；
(4) 全部施工设施建造方案；
(5) 建设单位可提供房屋和其他设施。

4.1.2 施工平面布置原则

(1) 满足施工要求，场内道路畅通，运输方便，各种材料能按计划分期分批进场，充分利用场地；
(2) 材料尽量靠近使用地点，减少二次搬运；
(3) 现场布置紧凑，减少施工用地；
(4) 在保证施工顺利进行的条件下，尽可能减少临时设施搭设，尽可能利用施工现场附近的原有建筑物作为施工临时设施；
(5) 临时设施的布置，应便于工人生产和生活，办公用房靠近施工现场，福利设施应在生活区范围之内；
(6) 平面图布置应符合安全、消防、环境保护的要求。

4.1.3 施工总平面图表示的内容

（1）拟建建筑的位置，平面轮廓；

（2）施工用机械设备的位置；

（3）塔式起重机轨道、运输路线及回转半径；

（4）施工运输道路、临时供水、排水管线、消防设施；

（5）临时供电线路及变配电设施位置；

（6）施工临时设施位置；

（7）物料堆放位置与绿化区域位置；

（8）围墙与入口位置。

4.1.4 施工现场功能区域划分要求

施工现场按照功能可划分为施工作业区、辅助作业区、材料堆放区和办公生活区。施工现场的办公、生活区应当与作业区分开设置，并保持安全距离。办公、生活区应当设置在在建建筑物坠落半径之外，与作业区之间设置防护措施，进行明显的划分隔离，以免人员误入危险区域；办公生活区如果设置在在建建筑物坠落半径之内时，必须采取可靠的防砸措施。功能区的规划设置还应考虑交通、水电、消防和卫生、环保等因素。

这里的生活区是指建设工程作业人员集中居住、生活的场所，包括施工现场以内和施工现场以外独立设置的生活区。施工现场以外独立设置的生活区是指施工现场内无条件建立生活区，在施工现场以外搭设的用于作业人员居住生活的临时用房或者集中居住的生活基地。

4.2 场 地

施工现场的场地应当整平，清除障碍物，无坑洼和凹凸不平，雨季不积水，暖季应适当绿化。施工现场应具有良好的排水系统，设置排水沟及沉淀池，现场废水不得直接排入市政污水管网和河流；现场存放的油料、化学溶剂等应设有专门的库房，地面应进行防渗漏处理。地面应当经常洒水，对粉尘源进行覆盖遮挡。

4.3 道 路

（1）施工现场的道路应畅通，应当有循环干道，满足运输、消防要求；

（2）主干道应当平整坚实，且有排水措施，硬化材料可以采用混凝土、预制块或用石屑、焦渣、砂石等压实整平，保证不沉陷，不扬尘，防止泥土带入市政道路；

（3）道路应当中间起拱，两侧设排水设施，主干道宽度不宜小于 3.5m，载重汽车转弯半径不宜小于 15m，如因条件限制，应当采取措施；

（4）道路的布置要与现场的材料、构件、仓库等堆场，吊车位置相协调、配合；

（5）施工现场主要道路应尽可能利用永久性道路，或先建好永久性道路的路基，在土建工程结束之前再铺路面。

4.4　封闭管理

施工现场的作业条件差，不安全因素多，在作业过程中既容易伤害作业人员，也容易伤害现场以外的人员。因此，施工现场必须实施封闭式管理，将施工现场与外界隔离，防止"扰民"和"民扰"问题，同时保护环境、美化市容。

4.4.1　围挡

（1）施工现场围挡应沿工地四周连续设置，不得留有缺口，并根据地质、气候、围挡材料进行设计与计算，确保围挡的稳定性、安全性；

（2）围挡的用材应坚固、稳定、整洁、美观，宜选用砌体、金属材板等硬质材料，不宜使用彩布条、竹笆或安全网等；

（3）施工现场的围挡一般应高于1.8m；

（4）禁止在围挡内侧堆放泥土、砂石等散状材料以及架管、模板等，严禁将围挡做挡土墙使用；

（5）雨后、大风后以及春融季节应当检查围挡的稳定性，发现问题及时处理。

4.4.2　大门

（1）施工现场应当有固定的出入口，出入口处应设置大门；

（2）施工现场的大门应牢固美观，大门上应标有企业名称或企业标识；

（3）出入口处应当设置专职门卫、保卫人员，制定门卫管理制度及交接班记录制度；

（4）施工现场的施工人员应当佩戴工作卡。

4.5　临时设施

施工现场的临时设施较多，这里主要指施工期间临时搭建、租赁的各种房屋临时设施。临时设施必须合理选址、正确用材，确保使用功能和安全、卫生、环保、消防要求。

4.5.1　临时设施的种类

（1）办公设施，包括办公室、会议室、保卫传达室；

（2）生活设施，包括宿舍、食堂、厕所、淋浴室、阅览娱乐室、卫生保健室；

（3）生产设施，包括材料仓库、防护棚、加工棚（站、厂，如混凝土搅拌站、砂浆搅拌站、木材加工厂、钢筋加工厂、金属加工厂和机械维修厂）、操作棚；

（4）辅助设施，包括道路、现场排水设施、围墙、大门、供水处、吸烟处。

4.5.2 临时设施的设计

施工现场搭建的生活设施、办公设施、两层以上、大跨度及其他临时房屋建筑物应当进行结构计算，绘制简单施工图纸，并经企业技术负责人审批方可搭建。临时建筑物设计应符合现行国家标准《建筑结构可靠度设计统一标准》GB 50068—2001、《建筑结构荷载规范》GB 50009—2012 的规定。临时建筑物使用年限定为 5 年。临时办公用房、宿舍、食堂、厕所等建筑物结构重要性系数 $r_0=1.0$。工地非危险品仓库等建筑物结构重要性系数 $r_0=0.9$，工地危险品仓库按相关规定设计。临时建筑及设施设计可不考虑地震作用。

4.5.3 临时设施的选址

办公生活临时设施的选址首先应考虑与作业区相隔离，保持安全距离，其次位置的周边环境必须具有安全性，例如不得设置在高压线下，也不得设置在沟边、崖边、河流边、强风口处、高墙下以及滑坡、泥石流等灾害地质带上和山洪可能冲击到的区域。

安全距离是指在施工坠落半径和高压线防电距离之外，建筑物高度 2～5m，坠落半径为 2m；高度 30m，坠落半径为 5m（如因条件限制，办公和生活区设置在坠落半径区域内，必须有防护措施）。1kV 以下裸露输电线，安全距离为 4m；330～550kV，安全距离为 15m（最外线的投影距离）。

4.5.4 临时设施的布置原则

（1）合理布局，协调紧凑，充分利用地形，节约用地；

（2）尽量利用建设单位在施工现场或附近能提供的现有房屋和设施；

（3）临时房屋应本着厉行节约，减少浪费的精神，充分利用当地材料，尽量采用活动式或容易拆装的房屋；

（4）临时房屋布置应方便生产和生活；

（5）临时房屋的布置应符合安全、消防和环境卫生的要求。

4.5.5 临时设施的布置方式

（1）生活性临时房屋布置在工地现场以外，生产性临时设施按照生产的需要在工地选择适当的位置，行政管理的办公室等应靠近工地或是工地现场出入口；

（2）生活性临时房屋设在工地现场以内时，一般布置在现场的四周或集中于一侧；

（3）生产性临时房屋，如混凝土搅拌站、钢筋加工厂、木材加工厂等，应全面分析比较确定位置。

4.5.6 临时房屋的结构类型

（1）活动式临时房屋，如钢骨架活动房屋、彩钢板房；

（2）固定式临时房屋，主要为砖木结构、砖石结构和砖混结构；临时房屋应优先选用钢骨架彩板房，生活办公设施不宜选用菱苦土板房。

4.6 临时设施的搭设与使用管理

4.6.1 办公室

施工现场应设置办公室，办公室内布局应合理，文件资料宜归类存放，并应保持室内清洁卫生。

4.6.2 职工宿舍

（1）宿舍应当选择在通风、干燥的位置，防止雨水、污水流入；

（2）不得在尚未竣工建筑物内设置员工集体宿舍；

（3）宿舍必须设置可开启式窗户，设置外开门；

（4）宿舍内应保证有必要的生活空间，室内净高不得小于 2.4m，通道宽度不得小于 0.9m，每间宿舍居住人员不应超过 16 人；

（5）宿舍内的单人床铺不得超过 2 层，严禁使用通铺，床铺应高于地面 0.3m，人均床铺面积不得小于 1.9m×0.9m，床铺间距不得小于 0.3m；

（6）宿舍内应设置生活用品专柜，有条件的宿舍宜设置生活用品储藏室；宿舍内严禁存放施工材料、施工机具和其他杂物；

（7）宿舍周围应当搞好环境卫生，应设置垃圾桶、鞋柜或鞋架，生活区内应为作业人员提供晾晒衣物的场地，房屋外应道路平整，晚间有充足的照明；

（8）寒冷地区冬季宿舍应有保暖措施、防煤气中毒措施，火炉应当统一设置、管理，炎热季节应有消暑和防蚊虫叮咬措施；

（9）应当制定宿舍管理使用责任制，轮流负责卫生和使用管理或安排专人管理。

4.6.3 食堂

（1）食堂应当选择在通风、干燥的位置，防止雨水、污水流入，应当保持环境卫生，远离厕所、垃圾站、有毒有害场所等污染源的地方，装修材料必须符合环保、消防要求；

（2）食堂应设置独立的制作间、储藏间；

（3）食堂应配备必要的排风设施和冷藏设施，安装纱门纱窗，室内不得有蚊蝇，门下方应设不低于 0.2m 的防鼠挡板；

（4）食堂的燃气罐应单独设置存放间，存放间应通风良好并严禁存放其他物品；

（5）食堂制作间灶台及其周边应贴瓷砖，瓷砖的高度不宜小于 1.5m；地面应做硬化和防滑处理，按规定设置污水排放设施；

（6）食堂制作间的刀、盆、案板等炊具必须生熟分开，食品必须有遮盖，遮盖物品应有正反面标识，炊具宜存放在封闭的橱柜内；

（7）食堂内应有存放各种佐料和副食的密闭器皿，并应有标识，粮食存放台距墙和地面应大于 0.2m；

（8）食堂外应设置密闭式泔水桶，并应及时清运，保持清洁；

（9）应当制定并在食堂张挂食堂卫生责任制，责任落实到人，加强管理。

4.6.4　厕所

（1）厕所大小应根据施工现场作业人员的数量设置。

（2）高层建筑施工超过 8 层以后，每隔 4 层宜设置临时厕所。

（3）施工现场应设置水冲式或移动式厕所，厕所地面应硬化，门窗齐全。蹲坑间宜设置隔板，隔板高度不宜低于 0.9m。

（4）厕所应设专人负责，定时进行清扫、冲刷、消毒，防止蚊蝇孳生，化粪池应及时清掏。

4.6.5　防护棚

施工现场的防护棚较多，如加工站厂棚、机械操作棚、通道防护棚等。

大型站厂棚可用砖混、砖木结构，应当进行结构计算，保证结构安全。小型防护棚一般采用钢管扣件脚手架搭设，并应当严格按照《建筑施工扣件式钢管脚手架安全技术规范》JGJ 130—2011 要求搭设。

防护棚顶应当满足承重、防雨要求，在施工坠落半径之内的，棚顶应当具有抗砸能力。可采用多层结构。最上层材料强度应能承受 10kPa 的均布静荷载，也可采用 50mm 厚木板架设或采用两层竹笆，上下竹笆层间距应不小于 600mm。

4.6.6　搅拌站

（1）搅拌站应有后上料场地，应当综合考虑砂石堆场、水泥库的设置位置，既要相互靠近，又要便于材料的运输和装卸。

（2）搅拌站应当尽可能设置在垂直运输机械附近，在塔式起重机吊运半径内，尽可能减少混凝土、砂浆水平运输距离。采用塔式起重机吊运时，应当留有起吊空间，使吊斗能方便地从出料口直接挂钩起吊和放下；采用小车、翻斗车运输时，应当设置在大路旁，以方便运输。

（3）搅拌站场地四周应当设置沉淀池、排水沟：

1）避免清洗机械时，造成场地积水；

2）清洗机械用水应沉淀后循环使用，节约用水；

3）避免将未沉淀的污水直接排入城市排水设施和河流。

（4）搅拌站应当搭设搅拌棚，挂设搅拌安全操作规程和相应的警示标志、混凝土配合比牌，采取防止扬尘措施，冬期施工还应考虑保温、供热等。

4.6.7　仓库

（1）仓库的面积应通过计算确定，根据各个施工阶段的需要的先后进行布置；

（2）水泥仓库应当选择地势较高、排水方便、靠近搅拌机的地方；

（3）易燃易爆品仓库的布置应当符合防火、防爆安全距离的要求；

（4）仓库内各种工具器件物品应分类集中放置，设置标牌，标明规格型号；

（5）易燃、易爆和剧毒物品不得与其他物品混放，并建立严格的进出库制度，由专人管理。

4.6.8 洗车台

（1）施工现场进出口大门应设置洗车台，并适用于各种工程车辆的冲洗。

（2）洗车台应有专人负责维护保养，洗车台周边应设置排水沟，排水沟与三级沉淀池相连，并按规定处置泥浆和废水排放。

（3）洗车台处应连接水管并配置高压水枪，水枪接水管长度应满足车辆冲洗要求。

（4）洗车供水应取自现场临时用水系统，或设置蓄水池。建议洗车用水按照绿色施工要求，收集雨水用于洗车用水。洗车用水能经沉淀清洁后反复循环利用。

4.6.9 临时用电和临时用水

1. 临时用电

（1）总配电室

1）配电室应靠近电源，并设置在灰尘少、潮气少、无腐蚀介质及道路畅通的地方；配电室应能自然通风，并应采取防止雨雪侵入和动物进入的措施。

2）配电柜侧面的维护通道宽度不小于1m；配电室顶棚与地面的距离不低于3m。

3）配电室的建筑物和构筑物的耐火等级不低3级，室内配置砂箱和可用于扑灭电气火灾的灭火器；配电室的照明分别设置正常照明和事故照明；配电室的门向外开，并配锁。

（2）总配电箱

1）总配电箱采用冷轧钢板制作，箱体钢板厚度为1.5～2.0mm，箱体表面应做防腐处理。

2）总配电箱电器安装板必须分设N线端子板和PE线端子板。N线端子板必须与金属电器安装板绝缘；PE线端子板必须与金属电器安装板做电气连接。

3）总配电箱应设置总隔离开关以及分路隔离开关和分路漏电保护器；隔离开关应设置于电源进线端，应采用分断时具有可见分断点，并能同时断开电源所有极的隔离电器；如果采用分断时具有可见分断点的断路器，可不另设隔离开关。

4）总配电箱中漏电保护器的额定漏电动作电流应大于30mA，额定漏电动作时间应大于0.1s，但其额定漏电动作电流与额定漏电动作时间的乘积不应大于30mA·s。

5）企业标识、单位及闪电标识以形象设计例图效果为准。

（3）分配电箱

1）分配电箱应设在用电设备或负荷相对集中的区域，分配电箱与开关箱的距离不得超过30m。

2）分配电箱采用冷轧钢板或阻燃绝缘材料制作，分配电箱钢板厚度不得小于

1.5mm，箱体表面应做防腐处理。

3）固定式分配电箱中心点与地面的垂直距离应为 1.4m，配电箱支架应采用L40×40×4 角钢焊制。

4）分配电箱应装设总隔离开关、分路隔离开关以及总断路器、分路断路器或总熔断器、分路熔断器。电源进线端严禁采用插头和插座做活动连接。

5）企业标识、单位字体及闪电标识以形象设计例图效果为准。

（4）开关箱

1）一机、一闸、一漏、一箱，严禁直接放置在地面上。与用电设备的距离不超过3m，与二级箱的距离不得超过 30m。

2）开关箱应采用冷轧钢板式阻燃绝缘材料制作，开关箱箱体钢板厚度不得小于1.2mm，箱体表面应做防腐处理。

3）开关箱必须装设隔离开关、断路器或熔断器，以及漏电保护器。隔离开关应采用分断时具有可见分断点，能同时断开电源所有极的隔离电器，并应设置于电源进线端。

4）开关箱漏电保护器的额定漏电动作电流不应大于 30mA，额定漏电动作时间不应大于 0.1s；使用于潮湿或有腐蚀介质场所的漏电保护器，其额定漏电动作电流不应大于 15mA，额定漏电动作时间不应大于 0.1s。

5）箱体颜色为中黄（做喷塑处理）；企业标识、单位字体及闪电标识以形象设计例图效果为准。

（5）外电防护

1）不得在外电架空线路正下方施工、搭设作业棚、建造生活设施或堆放构件、架具、材料及其他杂物等。

2）工程（含脚手架）周边与外电架空线路的边线之间的最小安全操作距离应符合相关规定。

3）当安全距离达不到《施工现场临时用电安全技术规范》JGJ 46—2005 中第4.12、4.14 条规定时，必须采取绝缘隔离防护措施。

4）在施工现场一般采取搭设防护架，其材料应使用木质等绝缘性材料。防护架距外电线路一般不小于 1m，必须停电搭设（拆除时也要停电）。防护架距作业面较近时，应用硬质绝缘材料封严，防止脚手架、钢筋等误穿越触电，当架空线路在塔吊等起重机械的作业半径范围内时其线路上方也应有防护措施，搭设成门型，其顶部可用 5cm厚木跳板或相当于 5cm 木板强度的材料盖严。为警示起重机作业，可在防护架上端间断设置小彩旗，夜间施工应有彩灯（或红色灯泡），其电源电压应为 36V。

（6）电缆敷设

1）电缆线路应采用埋地或架空敷设，严禁沿地面明设，并应避免机械损伤和介质腐蚀。埋地电缆路径应设方位标志。

2）电缆类型应根据敷设方式、环境条件进行选择。埋地敷设宜选用铠装电缆；当选用无铠装电缆时，应能防水、防腐。架空敷设宜选用无铠装电缆。

3）电缆直接埋地敷设的深度不应小于 0.7m，并应在电缆紧邻上、下、左、右侧均匀敷设不小于 50mm 厚的细砂，然后覆盖砖或混凝土板等硬质保护层。

4）架空线必须采用绝缘导线。架空线必须架设在专用电杆上，严禁架设在树木、脚手架及其他设施上。

5）按机械强度要求，绝缘铜线截面不小于 $10mm^2$，绝缘铝线截面不小于 $16mm^2$。

6）在跨越铁路、公路、河流、电力线路档距内，绝缘铜线截面不小于 $16mm^2$，绝缘铝线截面不小于 $25mm^2$。在跨越铁路、公路、河流、电力线路档距内，架空线不得有接头。

7）电缆敷设支架：支架采用直径 48mm 钢管、50mm×4mm 扁钢、80mm 槽钢；支架经防锈处理，刷 150mm 相间的警示油漆。

8）电缆埋设：电缆线路严禁地面明设，并应避免机械损伤和介质腐蚀，埋地电缆路径应设方位标志。

9）照明支架设置：适用于施工现场夜间作业照明，灯架基座采用 C20 混凝土，灯架每 2000mm 为一标准段，断头焊接法兰用螺栓连接，刷黄黑 250mm 相间的警示油漆。

（7）临时用电相关管理规定

1）施工现场操作电工必须经过国家现行标准考核合格后，持证上岗。

2）各类用电人员必须通过相关安全教育培训和交底，掌握安全用电基本知识和所有设备的性能，考核合格后方可上岗工作。

3）安装、巡检、维修或拆除临时用电设备和线路必须由电工完成，并应有人监护。

4）施工现场临时用电设备在 5 台及以上或设备总容量在 50kW 及以上的，应编制用电组织设计，并由施工单位技术负责人、总监理工程师审批后实施。

5）临时用电工程必须经编制、审核、批准部门和使用单位共同验收，验收合格后方可投入使用。

6）临时用电工程定期检查应按照分部、分项工程进行，对安全隐患必须及时处理，并应履行复查验收手续。

7）室外 220V 灯具距离地面不得低于 3m，室内不得低于 2.5m。

8）施工现场临时用电电源中性点直接接地的 220/380V 三相四线制低压电力系统必须符合下列规定：采用 TN-S 接零保护系统；采用三级漏电保护系统。

9）当采用专用变压器、TN-S 接零保护供电系统的施工现场，电气设备的金属外壳必须与保护接零连接。保护零线应由工作接地线、配电室（总配电箱）电源侧零线或总漏电保护器电源侧零线处引出。

10）当施工现场与外电线路共用同一供电系统时，电器设备的接地、接零保护应与原系统保持一致，不得一部分做接零保护，另一部分做接地保护。

11）TN-S 系统中的保护接零除必须在配电室或总配电箱处做重复接地外，还必须在配电系统中间处和末端处做重复接地。

12）配电箱、开关箱的电源进线端严禁采用插头和插座做活动连接。

13）隧道、人防工程、高温、有导电灰尘、比较潮湿或灯具离地面高度低于 2.5m 等场所照明，电源电压不应大于 36V。

14）潮湿和易触电及带电体场所照明，电源电压不得高于24V。

15）特别潮湿场所、导电良好的地面、锅炉或金属容器内的照明，电源电压不得大于12V。

16）对夜间影响飞机或车辆通行的在建工程及机械设备，必须设置醒目的红色信号灯，其电源应设在施工现场总电源开关的前侧，并应设置外电线路停止供电的应急自备电源。

17）施工现场架空线路必须采用绝缘导线，加设时必须使用专用电杆，严禁加设在树木、脚手架或者其他设施上。

18）三相四线制线路的N线和PE线截面面积不小于相线截面面积的50%，单相线路的零线截面面积与相线截面面积相同。

19）配电系统应采用配电柜或总配电箱、分配电箱、开关箱三级配电方式。

20）总配电箱应设在靠近进场电源的区域，分配电箱应设在用电设备或者负荷相对集中的区域，分配电箱与开关箱的距离不超过30m，开关箱与其控制的固定式用电设备的水平距离不宜超过3m。

21）每台用电设备必须有各自专用的开关箱，严禁用同一开关箱直接控制两台及两台以上的用电设备（含插座）。

22）配电箱、开关箱（含配件）应装设端正、牢固。固定式配电箱、开关箱的中心点与地面的垂直距离应为1.4~1.6m。移动式配电箱、开关箱应装设在固定、稳定的支架上，其中心点与地面的垂直距离宜为0.8~1.6m。

2. 临时用水

项目部应贯彻执行绿色施工规范，采取合理的节水措施并加强临时用水的管理。

（1）施工现场临时用水包括现场施工用水量、施工机械用水量、施工现场生活用水量、生活区用水量、消防用水量。在确定总用水量时应考虑在使用过程中水量的损失。

（2）供水系统应包括取水位置、取水设施、净水设施、贮水装置、输水管、配水管管网和末端装置。

（3）施工现场供水管网的布置要保证在不断供水的情况下，管道铺设越短越好。同时要考虑施工期间各段管网移动的可能性。

（4）过冬的临时水管应采取保温措施或埋入冰冻线以下。

（5）施工现场排水沟设置应布设在道路两侧，纵向坡度不小于0.2%，过路处需设涵管。

（6）施工现场、生活区应设置三级沉淀池、化粪池污水排放应，保证污水排入市政管网。

（7）临时室外消防给水干管的直径不应小于DN100，消防栓之间间距不应大于120m；距离拟建房屋不应小于5m且大于25m，距路边不宜大于2m。

（8）建立雨水收集，雨水贮藏及使用系统，做到节约用水。

雨水收集包括：建筑屋面作为集雨面集水；排水沟收集。

雨水贮藏及使用：

1）现场通过环形排水沟，将雨水导至集水池，经过管网过滤、沉淀后，用水泵直接抽送至消防水箱，用于混凝土养护、道路降尘、绿化等的用水。

2）现场建立中水回收系统，该系统沉淀池进水导流筒位于池中央，底部设伞形挡板，进水从导流筒上部注下，沿伞形挡板均匀分布在池中并缓慢上升，悬浮物沉降进入池底锥形沉泥斗中，澄清水从池顶部出水口流出，处理过的水用于现场施工和消防用水。

4.6.10 加工区（钢筋加工、木工加工）

（1）施工单位在工程开工前应设置施工现场平面布置图，布置图内容应包括加工区（钢筋加工区、木工加工区）的设置位置，并对加工区域采取硬化处理。

（2）设置在塔吊回转半径内和建筑物周边的钢筋加工区、木工加工区应设置双层防护。

（3）钢筋加工区、木工加工区应张挂安全警示标识和安全宣传用语的横幅，并在醒目位置处挂相应操作规程图牌。

（4）钢筋加工、木工加工的设置应尽可能采用可循环利用的周转材料，建议采用型钢螺栓连接。

（5）加工区内防护设施搭设完成后应组织相关人员进行验收，验收合格后方可投入使用。

（6）加工区必须配备消防器材，做好合理布局，在木工加工棚应设置明显的禁火标识。消防器材应定期检查，确保完好有效。

（7）加工区内防护棚应设置防风措施。

4.6.11 标养室

（1）工程项目部在施工现场应设置标准养护室，标养室内应安装控温、控湿装置。温度应控制在 $20\pm2℃$，相对湿度 95％以上。标养室的大小以满足工程施工需要为准。

（2）试块应放在试件架上，彼此间距为 $1\sim2cm$。加湿装置，必须保证喷出的水是雾化状态，不能将凉水直接浇在试件上。

（3）标养室设备配置要求：恒温空调，温湿度传感器，加湿器，系统控制箱，液晶显示温控仪，送风和回风系统等。

4.6.12 安全体验区

安全体验区是实地体验项目，通过模拟现场施工环境，针对容易出现安全问题的地方进行现实演示，体验人员通过自身参与性，了解安全问题的重要性。主要体验项目包括平衡木、安全帽冲撞体验、安全带体验、洞口坠落体验、灭火器体验、综合用电体验、劳保用品展示体验等项目。

（1）灭火体验

培训灭火器的种类和正确的使用方法，使作业人员学会在发生火灾时及时扑灭的能力，深刻了解火灾的危害性，熟练掌握灭火器的使用方法和正确的灭火方法。

（2）平衡和洞口坠落体验

通过平衡体验可以测试出作业人员的精神状况、饮酒等其他不安全行为，预防安全事故的发生。体验施工现场中可能发生的洞口坠落事故，正确认识无防护洞口的危险性，增强洞口采取防护措施的意识。

(3) 安全带佩戴和安全帽撞击体验

为预防高处坠落事故的发生，学习安全带的正确使用方法，通过对三点式、五点式安全带的体验，了解两种安全带的安全性能，掌握两种安全带的使用条件和方法；通过安全帽撞击，真实体验安全帽的保护作用。

(4) 综合用电体验

学习工地常用电气设备、元件的相关知识，克服专业间的"鸿沟"。通过"触电"，充分认识点击危害，掌握触电事故发生时的自救方法，救人方法，真正做到用电安全，安全生产。

(5) 急救体验

安全急救体验是让员工进行模拟学习心肺复苏技能，安全实施正常施工现场人员出现心脏骤停，如触电，高空坠落；心脏疾病意外事故等，而进行采取气道开放，胸外按压，人工呼吸等急救措施，通过模拟学习从而掌握心肺复苏等基础救命技术。

(6) 护栏倾倒体验

护栏倾倒体验是让员工体验护栏突然倾倒时突发性危险，从而让员工提高自身安全意识和应对突发性危险的能力。从而加强对此类事故的应对能力，加强对此类事故的警惕性，让员工重视学习安全教育知识以避免发生此类安全事故。

(7) VR 体验馆和安全体验区整体效果图

"互联网＋VR"智能安全体验馆，是全新一代的安全体验馆，是传统安全体验馆的升级换代产品，通过虚拟现实技术（VR）及互联网 IT 技术在安全教育及训练中的应用，从而全面提高工人的安全意识和自我防范意识，促进企业安全管理。

通过 VR 体验的方式将安全教育的全部内容，进行独特仿真的场景化设计，让每一个受培训的人以第一人称的视角近乎真实地体验到每一种工程伤害类型所带来的痛苦感受，从而进行深入骨髓的教育和警醒。

4.7　施工现场的卫生与防疫

4.7.1　卫生保健

(1) 施工现场应设置保健卫生室，配备保健药箱、常用药及绷带、止血带、颈托、担架等急救器材，小型工程可以用办公用房兼做保健卫生室；

(2) 施工现场应当配备兼职或专职急救人员，处理伤员和职工保健，对生活卫生进行监督和定期检查食堂、饮食等卫生情况；

(3) 要利用板报等形式向职工介绍防病的知识和方法，做好对职工卫生防病的宣传教育工作，针对季节性流行病、传染病等；

（4）当施工现场作业人员发生法定传染病、食物中毒、急性职业中毒时，必须在 2 小时内向事故发生所在地建设行政主管部门和卫生防疫部门报告，并应积极配合调查处理；

（5）现场施工人员患有法定的传染病或病源携带时，应及时进行隔离，并由卫生防疫部门进行处置。

4.7.2 保洁

办公区和生活区应设专职或兼职保洁员，负责卫生清扫和保洁，应有灭鼠、蚊、蝇、蟑螂等措施，并应定期投放和喷洒药物。

4.7.3 食堂卫生

（1）食堂必须有卫生许可证；

（2）炊事人员必须持有身体健康证，上岗应穿戴洁净的工作服、工作帽和口罩，并应保持个人卫生；

（3）炊具、餐具和饮水器具必须及时清洗消毒；

（4）必须加强食品、原料的进货管理，做好进货登记，严禁购买无照、无证商贩经营的食品和原料，施工现场的食堂严禁出售变质食品。

4.7.4 职业卫生与职业病防治管理

施工单位在开工前，应组织项目部相关成员对本工程内存在的职业健康安全危害因素进行辨识，并建档成册。

（1）职业卫生

1）施工企业应根据法律、法规的规定，制定施工现场的公共卫生突发事件应急救援预案。

2）施工现场结合季节，做好作业人员的饮食卫生和防暑降温、防寒供暖、防煤气中毒、防疫等各项工作。

3）施工现场应设置水冲式或移动式厕所，厕所大小应根据施工现场作业人员的数量进行设置。

（2）职业病防治管理

1）施工企业应当保障职业病防治所需要的资金投入，不得挤占、挪用，并对因资金投入不足导致的后果承担责任。

2）施工现场应在醒目位置设置公告牌。公布有关职业病防治的规章制度、操作规程、职业病危害事故应急救援措施。对产生严重职业病危害的作业岗位，应当在其醒目的位置，设置警示标识和中文警示说明。警示说明应载明产生职业危害的种类、后果、预防以及应急救援措施等内容。

3）项目部按规定应组织有关人员进行职业卫生教育，特别是油漆工、电焊工、粉尘作业人员、高处作业人员、振动机械操作人员等工种，定期组织职业健康检查，建立职业健康档案。检查中发现不适宜原工作的，应调离预案工作岗位，必要时进行医学观察。

4）施工企业应优先采用有利于防治职业病和保护劳动者健康的新技术、新工艺、新材料，逐步替代职业病危害严重的技术、工艺、材料。

5）施工现场必须采用有效的职业病防护措施，并为劳动者提供个人使用的防护用品。职业病防护用品必须符合防治职业病的要求，不符合要求的，不得使用。

6）施工现场的职业危害因素的强度或浓度不得超过国家职业卫生标准。对可能发生急性职业病损伤的有毒、有害的施工现场，劳动者必须配备一定的防护用品，并设置报警装置、配置现场应急救援药品、冲洗设备、应急撤离通道和必要的泄险区。

7）施工现场管理人员不得违章指挥和强令劳动者进行没有职业病防护措施的作业。

8）施工现场不得安排有职业禁忌症的劳动者从事禁忌的工作。

4.8 五牌一图与两栏一报

施工现场的进口处应有整齐明显的"五牌一图"，在办公区、生活区设置"两栏一报"。

（1）五牌指：工程概况牌、管理人员名单及监督电话牌、消防保卫牌、安全生产牌、文明施工牌；一图指：施工现场总平面图。

（2）各地区也可根据情况再增加其他牌图，如工程效果图。五牌具体内容没有作具体规定，可结合本地区、本企业及本工程特点设置。工程概况牌内容一般应写明工程名称、面积、层数、建设单位、设计单位、施工单位、监理单位、开竣工日期、项目经理以及联系电话。

（3）标牌是施工现场重要标志的一项内容，所以不但内容应有针对性，同时标牌制作、挂设也应规范整齐、美观、字体工整。

（4）为进一步对职工做好安全宣传工作，要求施工现场在明显处应有必要的安全内容的标语。

（5）施工现场应该设置"两栏一报"，即读报栏、宣传栏和黑板报，丰富学习内容，表扬好人好事。

4.9 警示标牌布置与悬挂

施工现场应当根据工程特点及施工的不同阶段，有针对性地设置、悬挂安全标志。

4.9.1 安全标志的定义

安全警示标志是指提醒人们注意的各种标牌、文字、符号以及灯光等。一般来说，安全警示标志包括安全色和安全标志。安全警示标志应当明显，便于作业人员识别。如果是灯光标志，要求明亮显眼；如果是文字图形标志，则要求明确易懂。

根据《安全色》GB 2893—2008规定，安全色是表达安全信息含义的颜色，安全色分为红、黄、蓝、绿四种颜色，分别表示禁止、警告、指令和提示。

根据《安全标志及其使用导则》GB 2894—2008 规定，安全标志是用于表达特定信息的标志，由图形符号、安全色、几何图形（边框）或文字组成。安全标志分禁止标志、警告标志、指令标志和提示标志。安全警示标志的图形、尺寸、颜色、文字说明和制作材料等，均应符合国家标准规定。

4.9.2　设置悬挂安全标志的意义

施工现场施工机械、机具种类多、高空与交叉作业多、临时设施多、不安全因素多、作业环境复杂，属于危险因素较大的作业场所，容易造成人身伤亡事故。在施工现场的危险部位和有关设备、设施上设置安全警示标志，这是为了提醒、警示进入施工现场的管理人员、作业人员和有关人员，要时刻认识到所处环境的危险性，随时保持清醒和警惕，避免事故发生。

4.9.3　安全标志平面布置图

施工单位应当根据工程项目的规模、施工现场的环境、工程结构形式以及设备、机具的位置等情况，确定危险部位，有针对性地设置安全标志。施工现场应绘制安全标志布置总平面图，根据施工不同阶段的施工特点，组织人员有针对性地进行设置、悬挂或增减。

安全标志设置位置的平面图，是重要的安全工作内业资料之一，当一张图不能表明时可以分层表明或分层绘制。安全标志设置位置的平面图应由绘制人员签名，项目负责人审批。

4.9.4　安全标志的设置与悬挂

根据国家有关规定，施工现场入口处、施工起重机械、临时用电设施、脚手架、出入通道口、楼梯口、电梯井口、孔洞口、桥梁口、隧道口、基坑边沿、爆破物及有害危险气体和液体存放处等属于危险部位，应当设置明显的安全警示标志。安全警示标志的类型、数量应当根据危险部位的性质不同，设置不同的安全警示标志。如：在爆破物及有害危险气体和液体存放处设置禁止烟火、禁止吸烟等禁止标志；在施工机具旁设置当心触电、当心伤手等警告标志；在施工现场入口处设置必须戴安全帽等指令标志；在通道口处设置安全通道等指示标志；在施工现场的沟、坎、深基坑等处，夜间要设红灯示警。

安全标志设置后应当进行统计记录，并填写施工现场安全标志登记表。

4.10　材料的堆放

4.10.1　一般要求

（1）建筑材料的堆放应当根据用量大小、使用时间长短、供应与运输情况确定，用量大、使用时间长、供应运输方便的，应当分期分批进场，以减少堆场和仓库面积；

（2）施工现场各种工具、构件、材料的堆放必须按照总平面图规定的位置放置；

（3）位置应选择适当，便于运输和装卸，应减少二次搬运；

（4）地势较高、坚实、平坦、回填土应分层夯实，要有排水措施，符合安全、防火的要求；

（5）应当按照品种、规格堆放，并设明显标牌，标明名称、规格和产地等；

（6）各种材料物品必须堆放整齐。

4.10.2 主要材料半成品的堆放

（1）大型工具，应当一头见齐；

（2）钢筋应当堆放整齐，用方木垫起，不宜放在潮湿环境和暴露在外受雨水冲淋；

（3）砖应丁码成方垛，不准超高且距沟槽坑边不小于0.5m，防止坍塌；

（4）砂应堆成方，石子应当按不同粒径规格分别堆放成方；

（5）各种模板应当按规格分类堆放整齐，地面应平整坚实，叠放高度一般不宜超过1.6m；大模板存放应放在经专门设计的存架上，应当采用两块大模板面对面存放，当存放在施工楼层上时，应当满足自稳角度并有可靠的防倾倒措施；

（6）混凝土构件堆放场地应坚实、平整，按规格、型号堆放，垫木位置要正确，多层构件的垫木要上下对齐，垛位不准超高；混凝土墙板宜设插放架，插放架要焊接或绑扎牢固，防止倒塌。

4.10.3 场地清理

作业区及建筑物楼层内，要做到工完场地清，拆模时应当随拆随清理运走，不能马上运走的应码放整齐。

各楼层清理的垃圾不得长期堆放在楼层内，应当及时运走，施工现场的垃圾也应分类集中堆放。

4.11 社区服务与环境保护

4.11.1 社区服务

施工现场应当建立不扰民措施，有责任人管理和检查。应当与周围社区定期联系，听取意见，对合理意见应当及时采纳处理。工作应当有记录。

4.11.2 环境保护的相关法律法规

国家关于保护和改善环境，防治污染的法律、法规主要有：《环境保护法》、《大气污染防治法》、《固体废物污染环境防治法》、《环境噪声污染防治法》等，施工单位在施工时应当自觉遵守。

4.11.3　防治大气污染

（1）施工现场宜采取硬化措施，其中主要道路、料场、生活办公区域必须进行硬化处理，土方应集中堆放。裸露的场地和集中堆放的土方应采取覆盖、固化或绿化等措施。

（2）使用密目式安全网对在建建筑物、构筑物进行封闭，防止施工过程扬尘。

拆除旧有建筑物时，应采用隔离、洒水等措施防止扬尘，并应在规定期限内将废弃物清理完毕；

不得在施工现场熔融沥青，严禁在施工现场焚烧含有毒、有害化学成分的装饰废料、油毡、油漆、垃圾等各类废弃物。

（3）从事土方、渣土和施工垃圾运输应采用密闭式运输车辆或采取覆盖措施。

（4）施工现场出入口处应采取保证车辆清洁的措施。

（5）施工现场应根据风力和大气湿度的具体情况，进行土方回填、转运作业。

（6）水泥和其他易飞扬的细颗粒建筑材料应密闭存放，砂石等散料应采取覆盖措施。

（7）施工现场混凝土搅拌场所应采取封闭、降尘措施。

（8）建筑物内施工垃圾的清运，应采用专用封闭式容器吊运或传送，严禁凌空抛撒。

（9）施工现场应设置密闭式垃圾站，施工垃圾、生活垃圾应分类存放，并及时清运出场。

（10）城区、旅游景点、疗养区、重点文物保护地及人口密集区的施工现场应使用清洁能源。

（11）施工现场的机械设备、车辆的尾气排放应符合国家环保排放标准要求。

4.11.4　防治水污染

（1）施工现场应设置排水沟及沉淀池，现场废水不得直接排入市政污水管网和河流；

（2）现场存放的油料、化学溶剂等应设有专门的库房，地面应进行防渗漏处理；

（3）食堂应设置隔油池，并应及时清理；

（4）厕所的化粪池应进行抗渗处理；

（5）食堂、盥洗室、淋浴间的下水管线应设置隔离网，并应与市政污水管线连接，保证排水通畅。

4.11.5　防治施工噪声污染

（1）施工现场应按照现行国家标准《建筑施工场界环境噪声排放标准》GB 2523—2011制定降噪措施，并应对施工现场的噪声值进行监测和记录；

（2）施工现场的强噪声设备宜设置在远离居民区的一侧；

（3）对因生产工艺要求或其他特殊需要，确需在22时至次日6时期间进行强噪声施工的，施工前建设单位和施工单位应到有关部门提出申请，经批准后方可进行夜间施工，并公告附近居民；

（4）夜间运输材料的车辆进入施工现场，严禁鸣笛，装卸材料应做到轻拿轻放；

（5）对产生噪声和振动的施工机械、机具的使用，应当采取消声、吸声、隔声等有效控制降低噪声。

4.11.6　防治施工照明污染

夜间施工严格按照建设行政主管部门和有关部门的规定执行，对施工照明器具的种类、灯光亮度加以严格控制，特别是在城市市区居民居住区内，减少施工照明对城市居民的危害。

4.11.7　防治施工固体废弃物污染

施工车辆运输砂石、土方、渣土和建筑垃圾，采取密封、覆盖措施，避免泄漏、遗撒，并按指定地点倾卸，防止固体废物污染环境。

4.12　施工现场消防管理

施工现场的消防管理工作，应遵照国家有关法律、法规，以及所在地政府关于施工现场消防的规章、规定开展消防安全管理工作。施工现场必须成立消防安全领导小组、建立健全各种消防安全职责，落实消防安全责任，包括消防安全制度、消防安全操作规程、消防应急预案及演练、消防组织机构、消防设施平面布置，组织义务消防队等。

4.12.1　建立防火制度

施工现场应建立健全防火安全制度。组建义务消防队，消防队人数不得低于现场施工总人数的10％，并定期对义务消防队成员进行培训。施工现场应建立三级动火审批制度。

4.12.2　施工现场动火等级的划分

（1）凡属于下列情况之一的动火，均为一级动火：

禁火区域内；油罐、油箱、油槽车和储存过可燃气体、易燃液体的容器及其连接在一起的辅助设备；各种受压设备；危险性较大的登高焊、割作业；比较密封的室内、容器内、地下室等场所；现场堆有大量可燃和易燃物质的场所。

（2）凡属于下列情况之一的动火，均为二级动火：

在具有一定危险因素的非禁火区域内进行临时焊、割等用火作业；小型油箱等容器用火作业；登高焊、割等用火作业。

（3）在非固定的、无明显危险因素的场所进行用火作业，均属三级动火作业。

4.12.3　施工现场动火审批程序

一级动火作业由项目负责人组织编制防火安全技术方案，填写动火申请表，报企业安全管理部门审查批准后，方可进行动火作业。

二级动火作业由项目责任工程师组织拟定防火安全技术措施，填写动火申请表，报工程项目安全管理部门和项目负责人审查批准后，方可动火。

三级动火作业由所在班组填写动火申请表，报项目责任工程师和项目安全管理部门审查批准后，方可动火。

动火证当日有效，如动火点发生变化，则需重新办理动火审批手续。

4.12.4　施工现场防火要点

（1）施工组织设计中施工平面图、施工方案均应符合消防安全的相关规定和要求。

（2）施工现场应明确划分施工作业区、易燃可燃材料堆场、材料仓库、易燃废料集中站和生活区。

（3）施工现场夜间应设置照明设施，保持车辆畅通，有人值班巡逻。

（4）不得在高压线下面搭设临时性建筑物或堆放可燃物品。

（5）施工现场应配备足够的消防器材，并设专人维护、管理，定期更新，确保使用有效。

（6）施工现场使用的电气设备必须符合防火要求。

（7）施工现场使用的大眼安全网、密目式安全网、密目式防尘网、保温材料必须符合消防安全规定，不得使用易燃、可燃材料。凡不符合规定的材料，不得进入施工现场使用。

（8）土建施工期间，应先将消防器材和设施配置好，同时敷设室外消防水管和消防栓。

（9）施工现场的焊、割作业，必须符合安全防火要求。电焊工、气焊工从事电气设备安装和电、气焊接切割作业时，要有操作证和动火证，并配备监护人和灭火器具。动火作业前，必须清除周围易燃、可燃物，必要时采取隔离等措施，作业后必须确认无火源隐患方可离去。

（10）从事油漆或防水施工等危险作业时，要有具体的防火要求和措施，必要时派专人看护。

（11）危险物品之间的堆放距离不得小于10m，危险物品与易燃易爆品的堆放距离不得小于30m。

（12）乙炔瓶和氧气瓶之间的使用距离不得小于5m，距离火源的距离不得小于10m。氧气瓶、乙炔瓶等焊接设备上的安全附件应完整、有效，否则不得使用。

（13）冬期施工采用保温加热措施时，应有相应的方案并符合相关规定要求。

（14）施工现场严禁随意吸烟。

（15）施工现场动火作业必须执行审批制度。

4.12.5　消防器材的配备

（1）临时搭设的建筑物区域内每100m² 配备 2 只 10L 灭火器。

（2）大型临时设施总面积超过 1200m² 时，应有专供消防使用的太平桶、积水桶

（池）、黄沙池，且周围不得堆积易燃物品。

（3）临时木料间、油漆间、木工机具间等，每 25 平方米配备一只灭火器，油库、危险品仓库应配备数量和种类匹配的灭火器、高压水泵。

4.12.6　灭火器的设置要求

（1）灭火器应设置在明显的位置。

（2）灭火器的铭牌必须朝外，以方便人们直接看到灭火器的主要性能指标和使用方法。

（3）手提式灭火器设置在挂钩、托架上或灭火器消防箱内。

（4）灭火器不得放置在超过其使用温度范围的地点。

（5）从灭火器出厂日期算起，达到灭火器报废年限的，必须强制报废。

第5章 典型案例分析

5.1 陕西省宝鸡市某大厦锅炉房工程土方坍塌事故

1. 事故简介

2000年1月14日，陕西省宝鸡市经济开发区某大厦锅炉房工程，在土方施工过程中，发生一起基槽边坡土方坍塌事故，造成5人死亡，2人受伤。

2. 事故发生经过

1999年12月21日，陕西省宝鸡市某住宅公司给非本单位职工冯某等人开具前往建设单位——陕西某公司联系有关工程事宜的企业介绍信，并提供该单位有关资质证书（营业执照、建筑企业质量信誉等级证、建筑安全资格证等）。由冯某等人持上述资料前往某大厦，联系洽谈有关钢炉房工程建设事宜。该住宅公司又于当年12月22日和29日分别给建设单位开出承诺书及某大厦锅炉房工程施工组织设计。经建设单位审查后，确定由该公司承接锅炉房基坑开挖任务。

2000年1月4日，建设单位给施工单位发图，通知其中标并要求施工单位于2000年1月5日进入现场施工。协同承揽该工程并担任施工现场负责人的仲某未将通知报告某住宅公司，擅自在该通知上签名，并于1月4日以该单位的名义与建设单位草签了合同。1月6日，仲某再次以住宅公司十二项目部的名义，向建设单位递交了开工报告和基坑土方开挖方案。1月6日，建设单位回复同意施工方案。1月7日正式开挖，10日机械挖土基本完成。13日，冯某、仲某从一非法劳务市场私自招募民工进行清槽作业，14日分配其中8人在基坑南侧修整边坡，西侧开始砌筑挡土墙。9时50分左右，基坑南侧边坡突然发生坍塌，将在此处作业的7人埋在土下，在场的其他民工立即进行抢救工作。10时20分，当救出2人时，土方再次坍塌，抢救工作受阻，在闻讯赶来的百余名公安干警的协助下，至12时50分抢救工作结束，被埋的5人全部死亡。

3. 事故原因分析

（1）技术方面：

在基坑施工前没有编制基坑支护方案，在施工过程中未采取有效的基坑支护措施是导致此次事故的直接原因。该工程基坑施工面长25.2m、宽21m、深8.8m，南侧距临近建筑物仅1.5m。在施工过程中既未按照规定比例进行放坡，也未采取有效的支护措施。由于基坑南侧-3.6m以上是临近建筑物基础的回填土，土质密度较差，又未采取必要的支护措施。在修理边坡的过程中没有按照自上而下的顺序施工，而是在基础下部挖掘，对回填土的外力影响导致回填土坍塌，是此次事故的技术原因之一，也是导致此次事故发生的直接原因。

未按规定对基坑沉降实施监测。在土方施工过程中，应在边坡上口确定观测点，对土方边坡的水平位移和垂直度进行定期观测。由于在施工中未对土方边坡进行观测，因此当土方发生位移时，不能及时掌握边坡变化，从而导致事故发生，是此次事故技术原因之一，也是此次事故的主要原因。

（2）管理方面：

现场生产指挥和技术负责人不具备相应资格，违法组织施工。该工程现场负责人冯某、仲某和技术负责人虢某未取得相应执业资格证书，不具备建筑施工专业技术资格，违法组织施工生产活动，违章指挥，导致此次事故发生，是此次事故的重要管理原因。

缺少安全生产教育。该施工现场从事施工生产的作业人员是冯某、仲某非法从劳务市场私自招募民工，没有对其进行安全生产教育就从事施工生产活动，作业人员缺少必要的安全生产知识，缺乏自我保护意识，是此次事故的重要管理原因。

4. 事故的结论与教训

这是一起严重的安全生产责任事故。表面上看此次事故直接原因是土方施工过程中没有根据基坑周边的土质制定施工技术方案、进行放坡或者采取有效的基坑支护措施。但实质上无论是建设单位，还是施工企业或者是建筑监理单位，其中的任何一方如果能够严格履行管理职责，都可以避免此次事故的发生。

建筑施工企业经营管理存在严重缺陷。《建筑法》第二十六条明确规定：承包建筑工程的单位应当持有依法取得的资质证书，并在其资质等级许可的业务范围内承揽工程……禁止建筑施工企业以任何形式允许其他单位或者个人使用本企业的资质证书、营业执照，以本企业的名义承揽工程。该住宅公司违反《建筑法》的规定，允许非本单位职工冯某等人以本单位名义承揽工程，同时，也未对其行使安全生产管理职能。如果该住宅公司能够认真落实《建筑法》，严格执行企业经营管理的规章制度，拒绝提供企业施工资质，就可能终止冯某等人的此次违法施工的行为。

建设单位未进行有效监督。在冯某组织施工生产过程中，无论是在对土方施工工艺，还是对劳动力安排，建设单位未能按照有关规范对其进行有效的监督。如果建设单位对施工单位严格进行审查，对施工过程严格监督管理，就完全可以预防此次事故的发生。

此次事故在施工技术管理方面有明显漏洞。土方坍塌是一个渐变的过程，它是因土质密度较低，在受外力作用下产生切变线，由此土方发生位移导致坍塌。若在施工过程中按照技术规范在土方边坡设定观测点定期观测，将可以预先发现坑壁变形，及早采取措施，避免事故发生。

因此，该工程现场负责人冯某等人对此次事故负有直接责任，应当依法追究其刑事责任，建设单位和施工单位也应负行政管理责任。

5. 事故的预防对策

（1）加强和规范建筑市场的招投标管理。建设工程的招投标应该严格依法进行，本着公开、公正、公平的原则，增加建设工程招投标过程的透明度，这样就可以减少其中的一些违法行为。

（2）依法建立健全企业生产经营管理制度，加强企业生产经营管理。通过完善建筑施工企业资质管理等手段，强化企业自我保护意识，维护企业利益，充分保护作业人员的身体健康和生命安全。

（3）加强土方施工的技术管理。土方工程应该根据工程特点，依照相关地质资料，经勘察和计算编制施工方案，制定土方边坡的支护措施，并确定土方边坡的观测点，定期进行边坡稳定性的观测记录和对监测结果进行分析，及时预报、提出建议和措施。

6. 专家点评

此次事故反映出在该项建设工程中存在多方面严重违反规范的行为和管理缺陷。

（1）在此项工程招投标过程中，建设单位对施工单位的施工资质和相关手续没有逐项认真审查，在缺少施工企业法人委托书的情况下，即将工程发包，未对工程承包人的执业资格进行严格审查。

（2）某住宅公司违反《建筑法》的规定，允许非本单位职工以本单位名义承揽工程，对参与招投标的过程不闻不问。同时对其组织施工生产疏于管理，既没有在施工现场设立安全生产管理机构，也没有对承接的工程项目派出专职安全生产管理人员。

（3）由于该工程现场负责人冯某等人未取得建筑施工执业资格证书，不具备建筑施工专业技术资格，因此在组织施工生产过程中严重违反了《建筑法》和建筑施工技术要求。

（4）建筑工程监理单位应当对施工单位的施工方案进行审查，并按照工程监理规范监督安全技术措施实施，发现生产安全事故隐患时果断行使监理职责，要求停工整改。在此次事故中，工程监理乏力，没有有效制止施工生产中的不规范、不安全的现象和行为。因此在此次事故中，工程监理也存在事实不作为。

5.2　北京市海淀区清华附中体育馆及宿舍钢筋体系坍塌事故

1. 事故简介

2014 年 12 月 29 日 6 时 20 日分，北京市清华大学附属中学体育馆及宿舍工程工地，作业人员在基坑内绑扎钢筋过程中，筏板基础钢筋体系发生坍塌，造成 10 人死亡、4 人受伤。

2. 事故发生经过

清华大学附属中学体育馆及宿舍楼工程由北京建工一建工程建设有限公司总承包。2014 年 12 月 28 日下午安阳诚成建设劳务有限责任公司现场劳务队长张焕良安排塔吊班组配合钢筋工向 3 标段上层钢筋网上方调运钢筋物料，用于墙柱插筋和挂钩，共计吊运 24 捆钢筋物料。

12 月 29 日 6 时 20 分，作业人员到达现场实施墙柱钢筋和挂钩作业。7 时许，现场钢筋工发现已绑扎的钢筋柱与轴线位置不对应。张焕良接到报告后通知赵金海和放线员去现场查看核实。8 时 10 分，经现场确认筏板钢筋体系整体位移约 10cm。随后，赵金海让钢筋班长立即停止钢筋作业，通知信号工配合钢筋工将上层钢筋网上集中摆放的钢筋吊走，并调电焊工准备加固马凳。8时20分许，筏板基础钢筋体系失稳整体发生坍塌，将在筏板基础钢筋体系内进行绑扎作业和安装排水管作业的人员挤压在上下层钢筋网之间。事故共计造成10人死亡、4人受伤。

3. 事故原因分析

（1）技术方面

1）未按照方案要求堆放物料。施工时违反《钢筋施工方案》第7.7条规定，将整捆钢筋物料直接堆放在上层钢筋网上，施工现场堆料过多，且局部过于集中，导致马凳立筋失稳，产生过大的水平位移进而引起立筋上、下焊接处断裂，致使基础底板钢筋整体坍塌。

2）未按照方案要求制作和布置马凳，导致马凳承载力下降。现场制作的马凳所用钢筋直径从《钢筋施工方案》要求的32mm减小至25mm或28mm；现场马凳布置间距为0.9~2.1m，与《钢筋施工方案》要求的1m严重不符，且布置不均、平均间距过大；马凳立筋上、下端焊接欠饱满。

3）马凳及马凳之间无有效的支撑，马凳与基础底板上、下钢筋网未形成完整的结构体系，抗侧移能力差。

（2）管理原因

施工现场管理缺失、备案项目经理长期不在岗、专职安全员配备不足、经营混乱、项目监理不到位、行业监管部门监督检查不到位。

4. 事故的结论和教训

（1）事故主要原因

该施工单位涉嫌允许他人以本企业名义承担工程，致使项目部管理混乱；项目部未按照规定向劳务单位进行方案交底；作业人员盲目吊运钢筋物料集中码放在钢筋网上；施工作业人员未按照《钢筋施工方案》进行施工。

（2）事故性质

本次事故属于责任事故，施工单位涉嫌允许他人以本企业名义承担工程，致使项目部安全管理混乱。施工单位项目经理长期不在岗位，安全管理人员缺失，未严格落实安全责任，对项目安全生产管理不到位。

5. 事故的预防措施

各施工单位应牢固树立科学发展、安全发展理念。认真贯彻"一岗双责"的有关规定，坚守"红线"意识，严格落实建筑施工企业安全生产主体责任，全面提高施工企业安全管理水平。

严格规范企业内部经营活动，落实对工程项目的安全管理责任，严禁对施工项目"以包代管"，严禁以任何形式实施出借资质、违法分包行为。

强化施工现场的安全管理，努力提升施工现场作业人员的安全意识。强化事故应急救援演练。安全生产事故应急救援演练应做到有针对性，实战性，避免走形式。

6. 专家点评

本次事故是一起典型的安全生产责任事故，事故涉及面广，对社会影响较大。也反映出了该建设工程存在多方面严重违反法律法规和管理问题。

（1）该建筑单位存在在该项目投标、合同签订期间，允许他人以本单位名义承揽工程，存在严重的经营管理问题。

（2）项目经理长期不在岗、安全管理人员配置不足，说明该单位安全管理方面存在重大管理缺陷。

施工企业应严格把控企业各项经营活动，加强对分包合同的管理，确保经营活动符合有关法律法规的相关规定。在安全管理活动中，应严格落实各项安全生产责任，落实一岗双责，牢固树立"安全第一、预防为主、综合治理"的原则，齐抓共管，确保安全生产工作的有序开展。

5.3　山东潍坊实验中学演艺中心项目模板支撑体系坍塌事故

1. 事故简介

2015年4月30日17时12分潍坊市峡山生态经济发展区潍坊实验中学演艺中心建设项目在施工过程中发生一起坍塌事故，造成4人死亡、2人受伤。

2. 事故发生经过

2015年4月30日上午，潍坊实验中学演艺中心建设项目开始浇筑西侧演播厅（舞台）顶板混凝土。17时10分左右混凝土浇筑基本完成，工人在进行提浆找平时，模板支撑体系坍塌，操作面6名工人从该厅中西部偏北处坠落并被埋压。事故当场造成3人经抢救无效死亡、1人重伤、1人轻伤，另外一人被埋压。

3. 事故原因分析

（1）技术原因

实验中学建设项目未编制模板支撑系统专项施工方案。满堂脚手架基础不牢固，满堂架搭设不规范，随意施工。支撑体系未与四周已完成构件可靠拉接，支撑体系所使用的钢管、扣件、可调托撑等材质不合格，导致模板支撑系统整体稳定性及支撑强度不满足要求。

（2）管理方面

1）施工单位安全生产主体责任不落实，违规出借资质，违法违规组织工程施工。致使施工过程管控不严，违法分包情况严重。

2）监理单位安全生产主体责任未落实，未认真执行有关标准和程序。

3）监管部门监管责任落实不到位，审批把关不严，在明知该项目未取得《建设工程施工许可证》，默许其非法开工。同时对实验中学招标投标活动管控不严。

4. 事故的结论和教训

（1）事故主要原因

本次事故是由于施工单位违规出借资质，将工程实际发包给个人，违法违规组织工程施工，现场违章作业，在无施工方案的前提下搭设模板支撑系统，造成支撑系统在混凝土浇筑后坍塌造成事故。

（2）事故性质

本次事故属于责任事故，从行业监管部门默许施工单位无《建设工程施工许可证》开始施工，到施工单位出借资质，层层转包，无技术支持、违章指挥冒险作业等严重的不负责任行为，造成本次事故。

（3）主要责任

1）个人承包是本次事故的直接责任者。

2）施工单位出借资质，允许他们以本单位名义承揽工程，将工程承包给无资质的个人，造成现场管理混乱。建设单位、监理单位对本工程项目存在的借用资质、层层非法转包分包及施工人员无建筑施工作业能力等问题管理不到位。

3）现场管理人员在没有编制模板施工方案的前提下便开始施工作业，未对施工作业人员进行交底，违章指挥冒险作业。

5. 事故的预防对策

1）地方建设行政主管部门要加强对建筑市场的管理工作，认真贯彻落实施工许可证制度强化对所属区域内建筑施工活动监管。

2）建设单位要认真落实本单位的安全生产主体责任，强化招标管理，严禁将建筑工程承包给无资质的单位或个人。

3）监理单位要认真落实建筑工程监理工作，对承包单位的施工进行全过程的监管，发现问题及时制止并上报。

4）施工单位应严格落实安全生产主体责任，严禁违法违规出借施工资质。

6. 专家点评

在建筑工程的施工活动中，施工各方应明确各方责任，落实各方安全生产责任，严禁在施工现场违章指挥，强令冒险作业。

模板支撑体系的搭设应严格按照相关施工方案进行施工，在支撑体系搭设完成后，应组织搭设单位、施工单位、监理单位等相关单位对模板支撑体系进行检查和验收。

5.4　华江公路 3 号楼房部分坍塌事故

1. 事故简介

2007 年 7 月 21 日 15 时 45 分许，位于嘉定区江桥镇华江公路 3 号的 1 幢 3 层楼房发生部分坍塌，造成 5 人死亡、1 人重伤。

2. 事故发生经过

2017 年 6 月初，嘉定区江桥镇房地征收办将目标地块内的房屋拆除工作交给自然人彭令坤，要求其采用人工方式，拆除曹安路 2099 号的 6 层楼房。6 月 15 日，彭令坤开始安排尹帮海召集作业人员，采用人工方式拆除了该幢楼房的第 4、5、6 层。

2017 年 7 月 20 日 11 时左右，彭令坤联系挖掘机驾驶员周国才，商议由周国才安排 2 台挖掘机进入拆除现场，配合拆除剩余的第 1、2、3 层。因挖掘机无法进场，周国才与尹帮海协商后，驾驶挖掘机首先拆除了华江公路3号位于曹安路与华江公路转角处与被拆大楼紧临的3层楼房屋（江桥供销社产权，自用），随后沿华江公路向南拆除了四跨3层房屋（江桥供销社产权，部分自用）。艾尚旅店所涉及的四跨3层房屋未被拆除。拆下的建筑垃圾被堆放在原地。

2017年7月21日7时许，周国才在尹帮海的指挥下，驾驶挖掘机开始拆除曹安路2099号大楼底部剩余的1～3层。与此同时，邱蒙（周国才当天安排来现场配合施工）根据周国才的安排，驾驶另一辆挖掘机，在周国才南侧配合施工。15时42分，艾尚旅店部分房屋突然坍塌，6人被困。

事故发生后，相关部门领导第一时间赶赴现场组织抢险救援工作。16时55分，现场首先救出1名9岁小男孩（有生命体征）。120急救车立即将其送往普陀区中心医院，后又被转送至上海市儿童医院治疗；17时33分左右，消防救援人员搜救出2名被困人员（已无生命体征）；20时33分左右，消防救援人员搜救出1名被困人员（已无生命体征）；21时25分左右，现场发现了第5、6名被困人员，分别是1名男子（有生命体征）和1名女子（无生命体征）。现场120医护人员首先对被困男子进行初步救治。22时4分，该名男子被救出后立即送至普陀区中心医院。经医院检查，该名男子到院时已死亡。

随后，现场救援力量在2台挖掘机的配合下，分组对该区域再次搜索。7月22日4时30分，在确认无人员被困后，现场救援工作结束。

3. 事故原因分析

（1）直接原因

根据专家组出具的《嘉定区江桥镇华江路3号房屋局部坍塌事故调查专家意见》，此次事故的直接原因：由于倒塌房屋为石灰黏土砌筑砖混结构，整体性差，相邻拆除施工为便于机械进场将底层承重结构局部拆除，破坏了结构的整体性和稳定性。同时，相邻拆除的不规范施工，造成建筑垃圾集中堆载，加上拆除机械振动，从而引起房屋侧向失稳坍塌。

（2）间接原因

1）现场施工作业

① 施工现场负责人安全意识淡薄，在现场无施工方案、未进行安全交底、拆除现场紧邻的建筑物内尚有人员未撤离的情况下，盲目实施房屋拆除作业。

② 拆房作业人员安全意识淡薄。未能预见其所实施的作业可能存在导致现场其他建筑坍塌的风险，在未接受安全交底的情况下盲目自信，实施作业。

③ 房屋拆除作业实际负责人法制意识淡薄，在不具备资质情况下，违规承接、开展房屋拆除工作，作业前未组织制定现场施工方案。

2）政府监管部门

嘉定区江桥镇房屋土地征收办公室在未完成招投标流程的情况下，违规将拆房工作发包给自然人。嘉定区江桥镇政府对安全生产工作领导不力。嘉定区房屋土地征收中心履行监管职责不力。

4. 事故的结论和教训

（1）事故性质

经调查认定，华江公路3号"7·21"楼房部分坍塌较大事故是一起安全生产责任事故。

（2）事故责任认定及处理意见

1）现场施工作业人员

① 彭令坤，房屋拆除作业实际负责人。法制意识淡薄，在不具备资质的情况下，违规承接、开展房屋拆除工作，作业前未组织制定现场施工方案。对事故发生负有直接责任。

② 尹帮海，房屋拆除作业现场负责人。安全意识淡薄，在现场无施工方案、未进行安全交底、在拆除现场紧邻的建筑物内尚有人员未撤离的情况下，盲目实施拆除作业，对事故发生负有直接责任。

③ 周国才，挖掘作业现场负责人兼挖掘机驾驶员。安全意识淡薄，未能预见其所实施的作业可能存在现场其他建筑坍塌的风险，在未接受安全交底的情况下盲目自信，实施作业，对事故发生负有直接责任。

彭令坤、尹帮海、周国才3人的行为涉嫌刑事犯罪，建议由司法部门依法追究刑事责任。

2）政府监管部门及相关责任人员

① 镇房地征收办

违反国家和本市相关法律法规，未经公开招投标，将被征收房屋拆除工程发包给无相应资质等级的自然人进行施工。履行安全生产监管职责不力，未按规定与施工方明确安全生产监管职责，未履行安全生产检查职责，对施工方擅自扩大房屋拆除范围的情况失察。

② 镇政府

违反国家和本市相关法律法规，同意镇房地征收办未经公开招投标，将被征收房屋拆除工程发包给无相应资质等级的自然人进行施工。未按规定督促、检查、指导镇房地征收办履行安全生产监管职责，对镇房屋土地征收工作存在的安全生产事故隐患失察。建议江桥镇党委、镇政府向区委、区政府作出深刻检查。

③ 区房地征收中心

贯彻落实国家和本市房屋土地征收领域相关法律法规不力，对江桥镇房屋土地征收过程中未经法定招投标程序发包工程，以及履行安全生产监管职责不到位的情况失察。建议区房地征收中心向区政府作出深刻检查。

④ 吴忠明，镇房地征收办主任，全面负责江桥镇征地补偿工作。在未完成工程招投标的情况下，将房屋拆除工程交由自然人实施；且未签订施工承发包合同和安全管理协议、未督促制定拆除方案，对事故发生负有管理责任。涉嫌职务犯罪，建议由检察机关依法处理。

⑤ 冯洁，镇房地征收办工作人员，负责房屋拆除现场的监督指导工作。对拆房作业现场安全生产工作统一协调、监管不力，未发现施工作业人员无方案施工的情况。对事故发生负有管理责任。涉嫌职务犯罪，建议由检察机关依法处理。

⑥ 陈刚，江桥镇副镇长，分管镇房地征收办工作。违反国家和本市相关法律法规，

在明知该工程项目未实施招投标的情况下，同意镇房屋土地征收办公室将工程对外发包。对镇房屋土地征收工作存在的安全生产事故隐患失察。对事故发生负有主要领导责任。建议给予行政记大过处分。

⑦ 魏晓栋，江桥镇镇长，主持政府工作。贯彻落实国家和本市房屋土地征收领域相关法律法规不力，对镇被征收房屋拆除工程招投标管理混乱，以及有关部门履行安全生产监管职责不到位的问题失察。对事故发生负有重要领导责任。建议给予行政记过处分。

⑧ 周蔚频，区房地征收中心工作人员，负责辖区内被征收房屋拆除工程现场监管工作。未按规定履行安全生产监督管理职责，对江桥镇房屋土地征收过程中未经法定招投标程序发包工程，以及履行安全生产监管职责不到位的情况失察。对事故发生负有责任。建议给予行政记过处分。

⑨ 褚建国，区房地征收中心主任，全面负责区房地征收中心工作。贯彻落实国家和本市房屋土地征收领域相关法律法规不力，对江桥镇房屋土地征收过程中未经法定招投标程序发包工程，以及履行安全生产监管职责不到位的情况失察。对事故发生负有重要领导责任。建议给予行政记过处分。

5. 事故的预防对策

（1）梳理规章制度，明确管理职责

嘉定区各级政府要进一步梳理规章制度、"三定"方案，明确各管理部门工作边界与职责，完善管理制度。相关管理部门要强化对管理对象的动态监管，根据各自管理职责，组织开展对具体经办人员的专业技术培训工作，提高现场管理、安全监管人员发现问题、解决问题的能力。

（2）吸取事故教训，规范市场行为

相关行业管理部门要深刻吸取本次事故所带来的教训，坚持以人为本、安全发展的理念，对建筑市场，尤其是房屋拆除环节，开展全面排查工作。要重点排查无招投标手续、不备案、未报监、无合同等手续不全就开工的现象，对存在不合规情况的要立即责令停止施工；要依法严肃查处未按规定履行法定建设程序、转包、违法分包和以包代管等行为，指导、督促各责任单位严格执行法律法规和强制性标准的规定。要加大对施工作业现场的安全检查力度，对发现的违法违规行为要采取"零容忍"的态度，严格落实责任追究，对安全生产主体责任不落实的企业和人员要加大处罚力度，切实起到震慑和警示作用，规范市场的有序运行。

（3）深化"打非治违"和隐患排查治理工作

各有关部门、有关单位要把"打非治违"作为安全生产工作的一项重要内容，作为制度化、常态化措施予以落实。要结合市住房城乡建设管理委和市安全监管局联合印发的《关于进一步加强建设工程施工安全生产工作的紧急通知》（沪建质安〔2017〕658号）要求，立即组织开展建设工地施工，特别是拆除作业施工的安全生产大检查。要重点检查施工单位是否有效落实安全技术措施；是否按照施工方案组织施工；工地内危险源和安全风险隐患处置等安全生产主体责任落实情况。要督促施工单位落实安全生产主体责任，在重大危险源分部分项工程安全管理、大型施工机械安全管理、安全专项施工方案管理等方面，全面排查安全风险隐患，强化事故隐患整改，堵塞漏洞，严防事故发生。

6. 专家点评

拆除工程施工过程中应严格执行《建筑拆除工程安全技术规范》JGJ 147—2016、《建筑物、构筑物拆除规程》DGJ 08-1970—2006 规定，拆除前必须编制安全专项施工方案，方案经审批及安全技术交底后方可实施。

拆除行业管理部门针对拆除工程必须经法定招投标程序进行发包，与施工单位签订施工承发包合同和安全管理协议，施工前督促制定拆除方案，施工中履行安全生产监管职责。

5.5 浙江省杭州市某建筑工程临时活动房坍塌事故

1. 事故简介

2001 年 6 月 26 日凌晨 4 时 40 分左右。位于杭州市拱墅区的某材料公司建筑工程施工现场一临时活动房，因山洪暴发，排水沟口堵塞，被排泄不畅的山洪冲垮违章建筑的围墙后压塌，造成 22 人死亡（其中男性 16 人，女性 6 人），7 人受伤。

2. 事故发生经过

该建筑工程为厂房工程，建筑面积 10115m²，工程造价 895.94 万元，建设单位为杭州某材料公司，施工单位为诸暨市某建筑公司（二级资质），项目经理为边某（二级资质），设计单位为浙江某建筑设计院有限公司（乙级资质），监理单位为浙江某工程监理有限责任公司（乙级资质）。该工程已办理建筑工程用地许可，建设工程规划许可、计划、立项，工程招投标以及施工许可手续。从建设前期的审批条件看，工程建设的手续基本完备。

事故发生前，该工程尚未正式开工，但建设单位已于 2000 年 10 月违章发包给施工单位，诸暨市某建筑公司砌筑完成工地围墙以及临时活动房、门卫室和钢筋加工棚等临时设施。从 2001 年 6 月 22 日开始，杭州市区连续降雨，使临近的山谷内集水区域水流汇集冲向谷口，山谷口水量猛增，平均流量 2.05m³/s，洪峰流量达 9m²/s，在短时间内形成山洪暴发。加上因连续降雨，围墙外原有水沟两边黄泥和卵石塌落，堵住水沟，造成排水不畅，当山洪暴发时，水沟内的水位不断抬高，水压不断增加，洪水冲垮围墙，压塌距离东围墙仅 2.2m 处的 9 间工棚，导致灾害性事故发生。

3. 事故原因分析

经事故调查分析，事故原因初步判断是：遭遇短时间内大量汇集的洪水淹没而溺水死亡，是一次山洪暴发所引发的自然灾害事故。但调查中发现，这次事故的发生，也存在一定的人为因素。

（1）技术方面

建设业主未经批准擅自改变用地范围，将东围墙超过规划红线向东延伸了 80 多米，将围墙直接建在山洪暴发口，并将围墙建了 5m 高（通常围墙高度为 2～3m），厚度为

240mm，为红砖砌筑，超高围墙的稳定性、刚度均较差，无法阻挡洪水冲击，而围墙外的泄洪沟跨过围墙时的泄水洞太小（仅 $\phi1.2m$），致使持续的暴雨形成的洪水无法顺畅泄洪，产生冲垮围墙、压塌民工活动房，是此次事故的技术原因。

（2）管理方面

施工单位工地负责人违反施工规范，未按施工组织设计方案搭设临时建筑，擅自将原设在西侧 320 国道边的工棚改建到东侧 5m 高的围墙边，使 41 名人员在暴雨时住在位置非常危险的工棚中，是这次山洪灾害事故中不可忽视的重要人为因素。同时施工单位管理混乱，管理人员不负责任。诸暨某建筑公司在明知建设业主无任何审批手续并且没有围墙设计图情况下，逃避招投标，擅自承接工程，自行绘制草图，建造围墙和水渠改建工程。因此，违反施工规范，擅自变更工棚位置。

施工单位主要负责人，放松了对工地的管理，采取以包代管的方式，使该公司承接的建设工地项目经理不到位，工地负责人没有负起责任，招用的施工现场人员缺乏安全防范和自我保护意识，在暴雨季节既没有值班巡查制度，也没有应急预案，更没有施工的组织经验和指挥经验，发现险情不引起重视，未采取措施，也未派人监视雨水状况，更不疏散工棚居住人员，致使事故发生。

设计单位和业主对规划意见不够重视，规划部门在规划设计条件中，对排水问题提出了要求，但设计单位和建设业主都没有引起足够重视，设计单位仅在说明中进行了阐述，没有进一步设计排水方案，业主对排水问题也没有提出一定要认真解决的要求，致使工地的排水系统无法承受大暴雨所带来的水流，造成排水不畅，地面水位上升，是此次事故的管理原因。

4. 事故的结论与教训

业主未经主管部门批准，擅自改变用地范围违章建造围墙，违反了《中华人民共和国土地管理法》第六十六条规定，是严重的违法行为。

施工单位逃避招投标，擅自承接工程，自行绘制草图建造围墙和水渠改建工程。工地负责人工作不负责任，擅自改变工棚位置；严重违反了《中华人民共和国建筑法》的有关规定。

设计单位和建设单位对规划意见不重视，排水设施设计深度不够，忽视了现场的排水问题，形成此次事故的重大隐患。

5. 事故的预防对策

加强土地管理主管部门和建设行政主管部门的检查执法力度，严肃查处违法行为。对于不履行职责、玩忽职守的部门和主要负责人，应当建立责任追究制度，追究其法律或行政责任。

应当建立政府监察制度和群众监督机制、建立企业安全生产责任制和长效安全生产管理机制。在施工生产过程中，施工组织设计必须符合技术规范和安全生产标准。

6. 专家点评

此起特大安全事故虽因山洪灾害而起，有突发性和偶然性，但管理失误也是事故发生的主要原因。

企业对自身环境的安全性缺乏必要的评估，对规划部门的建议未引起足够的重视，忽略了雨期施工的抗洪排涝等安全措施。缺少安全生产教育，使得工人的自我保护意识与安全意识较差。

政府对安全事故隐患的处罚力度、监管强度不够，基本建设正常程序不能保证。

5.6 宝钢股份有限公司厂房项目高处坠落事故

1. 事故简介

2018 年 1 月 8 日 9 时许，在宝钢股份有限公司厂区内，江苏南通三建集团股份有限公司在屋面进行作业过程中，发生一起高处坠落事故，造成 1 人死亡。

2. 事故发生经过

江苏南通三建集团股份有限公司施工的无缝钢管厂 AB 跨东段厂房采光设施整修项目，施工内容包括对厂房气楼屋面增设 16 个采光带；气楼两侧玻璃窗更换为采光板；对窗架进行防腐油漆等工作。南通三建为此项目专门制定了《无缝 AB 跨东段厂房采光设施整修施工方案》（以下简称施工方案），并通过了宝钢技术组织开展的对施工方案的高危项目专项安全技术方案审核。

2018 年 1 月 8 日 8 时左右，作业人员刘玉成等 4 人在接受完安全交底后，上到离地约 20m 的屋顶，刘玉成负责高空施工监护。其余 3 人负责具体屋面修理工作。

作业人员首先在厂房顶部北侧拆除 2 块原有的压型彩钢板，使得屋面形成一个 6.2m×2.15m 的空隙，拆下的彩钢板被分别放置在空隙的东西两侧。随后 3 人站在屋面空隙的东侧，开始为屋顶的槽钢下料，刘玉成则站立在空隙的西侧，距空隙约 4m 进行安全监护，其身后摆放着拆下的彩钢板。

9 时左右，现场突然自西向东刮起一阵大风，将放置在刘玉成身后的彩钢板刮起，被刮起的彩钢板将刘玉成快速推向屋顶空隙，最终导致刘玉成从空隙处坠落至地面。彩钢板则越过空隙，最终停留在空隙的东侧。

事故发生后，同在现场作业人员迅速下到地面，发现刘玉成卧倒在厂房地面上，没有知觉。于是立即拨打电话将事故情况告知单位领导，同时将刘玉成抬到单位的车上，送至上海市宝山区中西医结合医院，刘玉成经医院抢救无效死亡。

3. 事故原因分析

（1）事故发生的直接原因

作业人员站立在地势开阔的高处进行旁站监护过程中，瞬时出现的 6 级以上大风将放置在作业人员后方的彩钢板刮起，被刮起的彩钢板将作业人员快速推向屋顶空隙处，导致作业人员从屋顶空隙处坠落至地面。

（2）间接原因

高空作业临边洞口未设置安全防护措施，高空作业人员对现场危险源判断的能力不足，安全意识和自我保护的能力差。

4. 事故的结论和教训

事故调查组通过现场踏勘、调查询问等工作，结合专业部门的分析意见认为：该起事故是一起因局地瞬时出现 6 级以上大风导致的一般生产安全非责任事故。

5. 事故的预防对策

（1）进一步提升作业人员安全意识和安全技能

作业单位要认真吸取此次事故的教训，进一步加大对作业人员，尤其是对于从事高危作业人员的安全教育培训力度。要从对作业环境判断、工器具放置、人员站位等方面提升作业人员对现场危险源判断的能力，提高安全意识、安全技能和自我保护的能力，杜绝此类事故的再度发生。

（2）进一步提升安全防范措施的可操作性

相关单位要进一步强化企业安全生产主体责任意识，各职能部门在制定、审核作业方案过程中，要切实加大对安全防范措施可操作性的审核力度，特别是对于涉及高危作业过程中的安全防范措施，要确保现场作业人员能将措施落到实处，并留下相关记录。

（3）加大现场巡查力度

相关单位要以此次事故为契机，结合企业工作的实际情况，针对维修项目作业场地分散、高处作业不易监控等特点，充分发挥现有技防设备作用，督促施工单位带好队伍、管好人。对于重点区域、危险部位，要加大安全投入，根据现场作业的实际情况增设监控设施，努力实现对作业场所的动态监控，督促作业人员严格遵守安全操作规范，确保作业过程安全可控。

6. 专家点评

高空作业前要对现场危险源进行认真细致的辨识，制定切实可行、有针对性的施工方案，临边洞口必须要设置安全防护设施，设置安全生命绳，高空作业人员临边作业必须佩戴安全带，安全带挂点要牢固可靠。

5.7 山东省章丘市某住宅小区工程起重机械事故

1. 事故简介

2000 年 2 月 22 日在山东济南章丘市某住宅小区工地，在安装塔式起重机时，起重臂滑落，上面的 5 名安装工人同时从 25m 高处坠落，造成 4 人死亡，1 人重伤。

2. 事故发生经过

山东济南章丘市某住宅小区工地，明水镇某建筑公司购入 QVCxA 型塔式起重机，由章丘市某起重机厂雇用李某带领 8 人对该厂生产的塔式起重机进行首次安装。

李某受雇用单位委派组织人员进行现场安装。在按顺序安装塔身、塔顶、平衡臂后，着手安装起重臂。起重臂是典型的细长构件，吊装时对吊点位置、吊索的拴系方式、重心所处位置均有严格的技术要求。按照规定应该设置 3 个吊点，6 根吊索，而李某等人仅设了 2 个吊点，4 根吊绳，并且在吊索未检牢靠的情况下，将起重臂吊起。起重臂根铰点销轴安装完毕后，5 名工人爬上起重臂，安装 2 根连接起重臂与塔顶的拉杆。这时一处吊点的钢丝绳将起重臂 2 根侧向斜腹杆拉断，起重臂向塔身方向水平移动 400 多毫米，起重臂瞬间下沉，起吊钢丝绳断裂，起重臂以臂根铰点为轴心旋转滑落，起重臂上的 5 名工人随之坠地，4 人死亡，1 人重伤。

3. 事故原因分析

（1）技术方面

章丘市某起重机厂生产的 QTG25A 起重机是无技术图纸，无生产工艺，无产品检验报告，无材质保证单，无产品合格证，无整机安装说明书的非法生产的不合格产品。该塔机是参照比其小一个型号的 QTZ20A 的图样，随意放大后生产的。其断裂的两根腹杆的钢管为直径 20mm，厚度仅为 2mm。经过计算，无论强度还是稳定性均不能满足起重机设计规范的要求，更不能承受正常的工作载荷，产品属不合格产品。无安装指导文件，再加上安装时起吊点设置不合理，少设了一个吊点，使这 2 根腹杆承受的安装自重载荷比正常工作时的载荷还大，因此导致事故发生。

（2）管理方面

起重设备安装的施工组织人员和施工指挥人员不熟悉塔机安装程序，作业人员无资质，无证上岗，高处作业无任何安全保护措施，安全素质低，自我保护意识差。

4. 事故结论与教训

这是一起典型的非法生产、非法制造、非法安装、违章操作、冒险蛮干所造成的重大责任事故。

（1）章丘市某起重机厂在工业产品生产许可证临时证超期的情况下，超范围非法生产销售不合格塔机，并雇佣无营业执照、无安装资质的李某非法安装塔机，应负主要责任。

（2）李某非法承揽塔机安装工程，私招乱雇民工，安装过程中不采取任何安全措施，冒险蛮干，违章指挥，应负直接责任。

（3）明水镇某建筑公司对塔机生产单位的资质、产品出厂资料及安装单位资质未进行审查，对施工现场监管不力，应负管理责任。

（4）济南市有关部门对章丘市某起重机厂审查把关不严，在该厂生产许可证过期后，于 2001 年 2 月份下文推荐其塔机产品进入济南市场，客观上纵容了该厂家非法生产，负有重要的管理责任。

5. 事故的预防对策

（1）施工单位在购入塔机前应审核生产厂家的资质，重点考察其产品技术性能，是否通过了国家指定的权威检验机构的检验确认，是否取得了国家批准的生产许可证，必要时还应该到生产单位考察生产条件，质量保证体系，质量检验仪器，保证购入产品的出厂质量。

（2）必须委托有资质、有能力的安装队伍施工。

（3）施工过程中必须派有资质、专业能力强的管理人员对施工现场进行严格管理。

（4）政府有关主管部门应加大对建筑机械的监督检查，严禁非法产品和淘汰产品进入市场，同时对因产品质量引起事故的生产企业亮出红牌，禁止其产品进入建筑市场，从根本上切断事故根源。

（5）政府有关主管部门应严格自律，严肃查处在行政审批过程中的玩忽职守和腐败行为。

6. 专家点评

这起事故的性质极其恶劣，事故的发生包括了塔机设计、制造、出厂、采购、安装等各个环节的问题。

（1）塔式起重机属国家定型产品，不允许擅自改型，生产厂家应该经过批准，产品出厂应有合格证。该生产企业生产的塔机设备是在无技术图纸、无生产工艺条件的情况下生产出来的，说明该企业目无法纪，蓄意造假售假。

（2）产品在无合格证、无形式检验报告、无生产许可证书条件下，顺利交付到用户手中，反映出该施工企业对大型机械设备管理混乱和严重失控。

5.8 安徽省淮北市某百货公司商住楼工程塔机倾覆事故

1. 事故简介

2000 年 11 月 28 日在安徽省淮北市某百货公司商住楼工地，濉溪县某建筑公司在安装一台由山东省威海市某建筑机械厂生产的 QT60 型塔机过程中，在拉起重臂时，起升机构与减速器的输出端联轴节脱开，卷筒突然失控，塔机整体倾翻，造成 5 人死亡，1 人重伤，设备报废。

2. 事故发生经过

该塔机是一种简易塔机（非国家定型产品），在安装中需要人力辅助的环节较多。当时在塔顶回转台上有 1 人，起重臂与回转平台两铰点处各有 2 人，司机 1 人，共 6 人。起重臂铰点安装后，起重工安装起重臂 2 个吊点拉杆。然后用人力将起重臂拉起 30°，这时开动起升机构将起重臂缓缓拉起，在起重臂拉起到 90°多一点时，起升机构的卷筒与减速器的输出端联轴节突然脱开并向轴承座方向移动，卷筒失去控制，动力消失。起重臂随即加速下摆，砸向塔身，塔身主弦杆在巨大的横向力冲击下失稳，整机随即倾翻。在塔机上操作的 6 人中有 5 人死亡，1 人重伤。

3. 事故原因分析

（1）技术方面：

发生事故的直接原因是减速器输出端联轴器失效造成卷筒失去动力。该联轴器为传统的十字滑块联轴器。经过专家对联轴器鉴定，该产品的制造、材料、热处理、安装精度均存在严重缺陷。十字滑块的嵌入深度不足，侧向间隙过大，不符合国家及行业现行标准。按照规定，十字滑块及与之耦合的两个半联轴节的传力面均应进行热处理，以达到足够的硬度，使之耐磨损和耐冲击。如达到标准规定的硬度，必须采用优质碳素钢且材料不得低于 45 号钢材。但化验结果表明，事故样本的材料为一般的 Q235 号钢，根本无法进行淬火，因此达不到标准的硬度要求。由于十字滑块嵌入深度不足，使接触面比压增大；侧向间隙过大加大了冲击力量，又因表面硬度太低，在频繁的起重扭矩冲击下，本来应该为平面接触的受力面逐渐磨损变成了斜面，斜面引起了对卷筒的轴向推力，在轴向推力作用下，终于将卷筒推离了联轴节，造成卷筒失去控制，是此次事故的技术原因。

（2）管理方面：

使用者没有按照技术条件和安全规定在采购前进行把关，购进了不属于国家规定的产品。因此，产品本身的质量问题，用户很难在维修和使用中弥补。另外，使用和安装也存在许多问题，不能预见隐患，因此导致事故发生。

4. 事故的结论与教训

这起人身伤亡事故是一起典型的生产制造质量不合格机械设备引起的责任事故。

（1）制造商应负直接和主要责任。

（2）设备管理人员缺乏设备管理知识，不按照维修保养制度进行检查、维修，致使设备长期带病作业，应负管理责任。

（3）安装组织者、指挥者、操作者在安装之前未按照安全规程要求对涉及安全的零部件进行检查、验证，应负失职责任。

5. 事故的预防对策

购入塔机前充分做好调研工作，严把购置塔机质量关、检查关。

严格执行塔式起重机检查、保养规定，按期进行检查保养。对设备管理人员、操作人员进行起重机械专业知识、安全知识、法律法规培训。

6. 专家点评

这类塔机在我国数量很多，由于市场竞争激烈，为了扩大市场，一些生产企业便牺牲质量，降低价格，生产劣质产品。塔机行业早已经提出淘汰此类产品，到2000年国家经济贸易委员会、建设部等六部委明令淘汰，但几万台这样的塔机仍然在施工企业中使用。这些塔机无异于"定时炸弹"，隐患极多，发生事故只是一个时间问题。为了有效避免这类事故重演，建议住房城乡建设部安全管理部门制定法规，严禁使用此类塔机，彻底根除隐患。

5.9 河南省新乡市某排水管道工程中毒事故

1. 事故简介

2000年7月1日，河南省新乡市某排水管道施工过程中，发生一起中毒事故，造成4人死亡，1人受伤。

2. 事故发生经过

新乡市建设西路曾于1995年修建，当时因施工需要曾在该处检查井内用砖砌筑了堵墙，使雨水流入其他泵站，于1997年底新泵站修建后，2000年为重新调整雨水排放路线，需将原砌筑的堵墙拆除。2000年7月1日，新乡市某市政公司派原建设西路的施工工长带领3位民工去拆除管道井的雨水管道堵墙。该雨水管道井深1.8m，宽1.2m。第一位民工下井后用风镐拆堵墙，干了一会上到地面换第二位民工下井，当打通堵墙时，积存的污水和毒气突然冲出来，作业人员中毒倒地，上面两民工见状下井抢救，也中毒倒地，工长接着下井，又中毒倒地。其他职工在拨打110、120请求援期间，有一名保安人员也因下井救人中毒倒地。本次事故共造成4名人员死亡，1人重伤。

3. 事故原因分析

（1）技术方面：

管道疏通施工已有较成熟的方法，特别在高温天气下，进入井道前必须制定安全技术措施，配备必要的防护用品及救援器材，每次下井前应对井下环境进行检测，并在作业中随时检测。在施工前，施工人员既没有进行检测，也没有配备必要的防护用品，从而造成中毒事故，是本次事故的直接原因。

（2）管理方面：

该市政公司虽属专业公司，但从施工管理上不具备相应资质，没有制定施工方案，没有可靠的安全措施，既不懂专业知识也没有管理制度，以至于发生事故后惊慌失措，盲目下井救人，使损失更加严重，包括工长本人也不采取任何防护措施盲目下井，说明现场指挥人员缺乏应有的安全管理知识和管理能力，该企业管理上亟待加强。

4. 事故结论与教训

（1）事故主要原因：

本次事故主要是由于施工单位管理失误，缺乏对安全法规和相关安全技术方面的知识，施工前不编制方案，下井前无安全技术措施，对施工人员不进行教育，不懂得自我防护知识，盲目施工，遇意外事故盲目救助，不仅未减少损失，反而使损失扩大。

（2）事故性质：

本次事故属于责任事故。是由于该企业领导缺乏对企业的管理，致使各级没有按照相关规定认真严格管理，导致施工管理的随意性和不负责任，最终发生事故。

（3）主要责任：

1）施工现场负责人施工前不编制方案，作业人员下井前无安全措施，对施工人员不进行教育就上岗作业，从而导致事故，应负违章指挥责任。

2）按照《安全生产法》第五条，生产经营单位的主要负责人对本单位的安全生产工作全面负责的规定和第十七条，生产经营单位主要负责人对本单位安全生产工作负有的职责的规定，新乡某市政公司的主要负责人，应对此次事故的发生负有管理失误的责任。

5. 事故的预防对策

（1）施工前编制安全技术措施。

《建筑法》和《建设工程安全生产管理条例》都明确规定，对危险性大、专业性强的作业都要预先了解作业环境和针对施工工艺编制安全技术措施，分析施工中可能出现的问题，预先采取有效措施加以防止。

（2）先培训后上岗。

本起事故最严重的教训是对下井作业的危险无知，当井下人员中毒时又不懂救助方法和预先没有准备救援器材，因此导致事故扩大的后果。如果作业人员预先经培训并掌握自救和救援知识，本次事故是完全可以避免的。

（3）严肃领导责任。

本起事故完全属于各级不负责任，放松管理造成的重复性事故。此类中毒事故并非第一次发生，各地本应认真吸取教训，现场作业人员的无知，清楚地表明了企业的领导责任失职的严重性，应该加强对企业主要负责人对相关法规及技术知识的培训。

6. 专家点评

建筑施工中排水管道工程在井下造成中毒事故屡有发生，其共同点都是施工前无措施、下井前不检测。无救援器材以及作业人员未经培训盲目上岗，违章指挥，管理混乱造成，本次事故也属此类。承担该工程的市政工程公司本届专业施工单位，管道施工应有比较完整的管理制度和操作规程，然而还重复发生此类事故，说明企业管理问题严重，作为企业领导没有把下井作业作为一件危险工作来抓，进行严格要求，未贯彻"没有措施不准施工，不经培训不准上岗"的规定，然而从《建设工程安全生产管理条例》到相关技术标准都有明确规定，如果切实加以贯彻，此类事故完全可以避免。

5.10　内蒙古赤峰市某小区住宅楼工程煤气中毒事故

1. 事故简介

2001 年 12 月 6 日，赤峰市红山区某小区住宅楼工地，发生一起煤气中毒事故，造成 3 人死亡，1 人重伤。

2. 事故发生经过

赤峰市某小区 7 号楼工程由赤峰市某建筑安装公司承建。2001 年 11 月 29 日该项目部安排 4 名作业人员到 7 号楼进行工程扫尾工作（工程即将进行竣工验收，正式工棚已拆），晚上住进临时宿舍（拟用于居委会使用的平房）。至 12 月 5 日，天气已转冷，屋内没有取暖设施，晚上几名人员使用瓦工盛砂浆的器具明火取暖，由于门窗密闭，导致一氧化碳中毒，直到 12 月 6 日上班后才被发现，造成 3 人死亡，1 人重伤。

3. 事故原因分析

（1）技术方面：

冬期取暖问题属于工程施工中必须预先考虑的重要内容，无论施工取暖还是生活取暖，必须从冬期施工组织设计中统一设计取暖措施，并经验收，统一管理，建立制度，防止一氧化碳中毒及火灾事故，这已是一般施工人员的基本常识。本次事故主要是由于违章明火取暖，无通风措施导致的一氧化碳中毒事故。

（2）管理方面：

一是该施工企业管理上严重失误。内蒙古地区寒冷季节早，应早做冬施准备，对施工现场作业区及生活区进行检查并有针对性地进行统一安排；二是进入冬期施工之前，应对施工人员进行必要的安全教育，对冬施中带来的不安全因素和危险予以告之，树立自我防护意识。然而该企业在 11 月底进驻人员时尚未考虑宿舍取暖问题，导致天气突变没有准备且施工人员随意取暖而发生事故。

4. 事故结论与教训

（1）事故主要原因：

本次事故是施工单位管理混乱，进入冬施前不进行冬施措施安排，员工宿舍无取暖设施；企业用工体制混乱，用工无合同、无手续、无责任性目标，对新进场职工未进行教育，导致违章取暖造成事故。

（2）事故性质：

本次事故属于责任事故，是由于企业管理无制度，施工管理人员指挥生产只考虑生产未考虑冬期住宿条件，且对新工人不进行安全教育，由于失职导致事故发生。

（3）主要责任：

1）该工程项目经理由于工作失误，造成冬期施工作业人员住进无取暖设施宿舍，且对新工人入场未进行安全教育，最终导致事故发生，应负直接领导责任。

2）赤峰市某建筑安装公司主要负责人对企业管理混乱从而导致发生事故应负全面领导责任。

5. 事故的预防对策

本次事故是由于管理混乱和工作失误造成。企业应该学习《建筑法》等有关施工管理的规定并遵照执行。造成冬期宿舍一氧化碳中毒事故的主要问题是没有统一考虑取暖设施，宿舍密闭无通风措施。此事故的发生不是复杂的技术问题所造成，只要领导注意，提早解决，就可避免事故重复发生。

6. 专家点评

冬期施工中常发生一氧化碳中毒事故，主要是由于寒冷地区建筑施工过程中，企业没有预先考虑生产或生活的取暖措施，当气温降低需取暖时临时采用的措施不当造成。当时内蒙古地区已进入 12 月份，该工地仍没考虑住宿取暖问题，现场生产指挥人只注意向工人安排施工任务，却不管晚上在工地的住宿条件，且对新工人入场不进行安全教育，没有自我防护意识，门窗密闭明火取暖导致的一氧化碳中毒事故。作为企业领导应全面考虑生产问题，不仅完成生产任务，还必须保障员工的基本生活条件，应该贯彻"以人为本"的思想，管理生产的同时，也要管安全，关心员工的身体健康。

5.11 河南省新乡市某彩印厂工程触电事故

1. 事故简介

2002 年 8 月 12 日，河南省新乡市某彩印厂工程施工中，由于工地的电气线路架设混乱，发生一起触电事故，造成 3 人死亡。

2. 事故发生经过

河南省新乡市某彩印厂工程由卫辉市某建筑公司承包。该工程发生事故之前正在进行厂房通道的混凝土地面施工，通道总长度 90m，宽 13m，通道地面按宽度分为南北两段施工，每段宽 65m，南段已施工完毕。2002 年 8 月 11 日晚开始北段施工，到夜间零点左右时，地面作业需用滚筒进行碾压抹平，但施工区域内有一活动操作台（用钢管扣件组装）影响碾压作业进行，于是由 3 名作业人员推开操作台。但由于工地的电气线路架设混乱，再加上夜间施工只采用了局部照明，推动中挂住电线推不动，因光线暗未发现原因，便用钢管撬动操作台，从而将电线绝缘损坏，导致操作台带电，3人当场触电死亡。

3. 事故原因分析

（1）技术方面：

1）按事故发生时的现行规范《施工现场临时用电安全技术规范》JGJ 46—1988 规定，室内照明高度低于 2.4m 时，应采用 36V 安全电压供电。该现场采用 220V 的危险电压，且线路架设不按规定，从而带来触电危险。

2）按照规范要求厂房夜间作业应设一般照明及局部照明。该厂房通道全长 90m，现场只安排局部照明，线路敷设不规范的隐患操作人员很难发现。

3）《施工现场临时用电安全技术规范》JGJ 46—1988 规定，电气安装应同时采用保护接零和漏电保护装置，当发生意外触电时可自动切断电源进行保护。而该工地电气混乱，工人触电后死亡。

（2）管理方面：

1）该工地电气混乱，未按规定编制施工用电组织设计，因此隐患多而发生触电事故。

2）电工缺乏日常检查维修，现场管理人员视而不见，因此隐患未能及时解决。

3）夜间施工既没有电工跟班，也未预先组织对现场环境的检查，未及时发现隐患。

4. 事故结论与教训

（1）事故主要原因：

本次事故是因施工现场管理混乱，临时用电工程未按规定编制专项施工方案，现场电气安装后未经验收，施工中又无人检查提出整改要求，在线路架设、电源电压等不符合要求下施工，保护接零及漏电保护装置未安装或安装不合格导致失误，再加上夜间施工照明面积不够，施工人员推动操作平台误挂电线造成触电事故。

（2）事故性质：

本次事故属责任事故。施工现场用电违章操作，现场指挥人员违章指挥，管理混乱，隐患未能及时解决。

（3）主要责任：

1）项目工程生产负责人不按规定组织编制用电方案，对电工安装电气线路不符合要求又没提出整改意见，夜间施工环境混乱导致发生触电事故，应负违章指挥责任。

2）卫辉市某城乡建筑公司主要负责人对施工现场不编制方案，随意安装电气和现场管理失控，应负全面管理不到位的责任。

5. 事故的预防对策

（1）应该对企业资质等级进行全面清理。该施工单位对临时用电不编制方案，电气安装错误，保护措施不合要求，漏电装置失灵，夜间施工条件不具备，触电事故发生后不懂急救知识等表现，都说明该项目经理及电工不懂电气使用规范，上级管理部门来现场也未提出整改要求。如此资质的企业如何能承包建筑工程，如何保障作业人员的安全。

（2）主管部门应组织对企业管理人员和作业人员定期培训。临时用电规范为 1988

年颁发，时至 2002 年已有 14 年之久仍不了解、不执行，却在承包工程施工，本身就是管理上的失误，应该采取定期学习法规、规范，针对企业的实际及施工技术进步，提高管理水平和队伍素质。

6. 专家点评

建设部伤亡事故统计表明，建筑企业的五大伤害中触电事故占有较大比例。为加强施工用电管理，建设部于 1988 年曾颁发了行业标准《施工现场临时用电安全技术规范》JGJ 46—1988，要求各地严格执行。

本次事故的施工现场严重违反了该规范的相关规定。室内照明架设高度低于 2.4m 仍用 220V 电源，因此当发生意外触电时造成死亡事故；现场用电不按要求设置保护接零和漏电保护装置，当有人触电时不能得到保护，作业人员实际上是在无保护措施条件下施工；夜间生产照明不足又无电工跟班作业，当临时发生问题无人解决，给夜间施工带来危险。

施工用电是建筑安全管理的弱项，现场管理人员多为工民建专业，缺乏用电管理知识，而施工用电又属临时设施多被忽视而由电工自己管理，当现场电工素质较低，不懂规范、责任心不强时，会给电气安装带来隐患。必须加强专业电工的学习和对项目经理电气专业知识的培训，掌握一般基本规定以加强用电管理。

5.12 江西省赣州市某商住楼工程高压架空线路触电事故

1. 事故简介

2000 年 8 月 3 日，江西省赣州市某商住楼在施工过程中，由于在作业中钢筋距高压线过近而产生电弧，致使 11 名民工触电被击倒在地，造成 3 人死亡，3 人受伤。

2. 事故发生经过

赣州市某商住楼位于市滨江大道东段，建筑面积 147000m²，8 层框架混凝土结构，基础采用人工挖孔桩共 106 根。该工程的土方开挖、安放桩孔钢筋笼及浇筑混凝土工程，由某建筑公司以包工不包料形式转包给何某个人之后，何某又转包给民工温某施工。

在该工地的上部距地面 7m 左右处，有一条 10kV 架空线路经东西方向穿地。2000年 5 月 17 日开始土方回填，至 5 月底完成土方回填时，架空线路距离地面净空只剩5.6m，期间施工单位曾多次要求建设单位尽快迁移，但始终未得以解决，而施工单位就一直违章在高压架空线下方不采取任何措施冒险作业。当 2000 年 8 月 3 日承包人温某正违章指挥 12 名民工，将 6m 长的钢筋笼放入桩孔时，由于顶部钢筋距高压线过近而产生电弧，11 名民工被击倒在地，造成 3 人死亡，3 人受伤的重大事故。

3. 事故原因分析

（1）技术方面：

由于高压线路的周围空间存在强电场，导致附近的导体成为带电体，易发生触电事故。

该施工现场桩孔钢筋笼长 6m，上面高压线路距地面仅剩 5.6m，在无任何防护措施下又不能保证安全距离，因此极易发生触电事故。

（2）管理方面：

1）建筑市场管理失控，私自转包，无资质承包，从而造成管理混乱，违章指挥导致发生事故。

2）建设单位不重视施工环境的安全条件，高压架空线路下方不允许施工，然而建设单位未尽到职责办理线路迁移，从而发生触电事故也是重要原因。

4. 事故结论与教训

（1）事故主要原因：

本次事故是由于违法发包给无资质个人施工，致使现场管理混乱，违章指挥，在不具备安全条件下冒险施工导致的触电事故。

（2）事故性质：

本次事故属责任事故。从建设单位违法发包，无资质个人承包，现场高压架空线没有迁移就进行施工，违章指挥冒险作业等都是严重的不负责任，最终发生事故。

（3）主要责任：

1）个人承包人是现场违章指挥造成事故的直接责任者。

2）建设单位和某建筑公司违反《建筑法》规定，不按程序发包和将工程发包给无资质的个人，造成现场混乱。建筑公司未加强管理，建设单位不认真解决事故隐患，是这次事故的主要责任单位。

5. 事故的预防对策

（1）地区的行政主管部门应进一步加强对建筑市场的管理工作，不单要注意做好形式上的工程建设招投标工作，更应该注意认真贯彻施工许可证制度，并注意检查地区施工现场实施情况，发现私自转包和无资质承包等违法行为应严肃处理。

（2）认真落实建筑工程监理工作，对承包单位的施工进行全过程依法监督，发现问题及时解决，做到预防为主。

（3）建设单位对提供施工现场安全作业条件应在相关法规中明确。

6. 专家点评

高压架空线触电事故近年已有下降，本次事故完全由于冒险蛮干，指挥人员对工人生命不负责所造成。

由于高压线路一般无绝缘防护，其周围有强电场，当导体接近高压线路时即发生放电现象导致触电事故。《施工现场临时用电安全技术规范》规定，在架空线路下方禁止作业，在一侧作业时必须保证安全操作距离。当不能满足安全操作距离时，必须采取搭设屏护架或采取停电作业，严禁冒险作业。

该工程桩的钢筋笼长 6m，而地面垫土后距高压架空线只有 5.6m，在已经明显的危险环境下，作业人员仍冒险作业。另外，建设单位的责任也不可推卸，明知架空线路危险，施工单位也一再催促，直到发生事故时供电部门仍未收到关于架空线路的迁移报告。

5.13 新疆乌鲁木齐市某大学工程火灾事故

1. 事故简介

2001年8月2日，新疆乌鲁木齐市某大学学生公寓楼工程施工过程中，因使用汽油代替二甲苯作稀释剂，调配过程中发生爆燃，造成5人死亡，1人受伤。

2. 事故发生经过

乌鲁木齐市某大学学生公寓楼工程由新疆建工集团某建筑公司承建。2001年8月2日晚上加班，在调配聚氨酯底层防水涂料时，使用汽油代替二甲苯作稀释剂，调配过程中发生燃爆，引燃室内堆放着的防水（易燃）材料，造成火灾并产生有毒烟雾，致使5人中毒窒息死亡，1人受伤。

3. 事故原因分析

（1）技术方面：

调制油漆、防水涂料等作业应准备专门作业房间或作业场所，保持通风良好，作业人员佩戴防护用品，房间内备有灭火器材，预先清除各种易燃物品，并制定相应的操作规程。

此工地作业人员在堆放易燃材料附近，使用易挥发的汽油，未采取任何必要措施，违章作业导致发生火灾，是本次事故的直接原因。

（2）管理方面：

该施工单位对工程进入装修阶段和使用易燃材料施工，没有制定相关的安全管理措施，也未配有专业人员对作业环境进行检查和配备必要的消防器材，最终导致火灾。

作业人员未经培训交底，没有掌握相关知识，由于违章作业无人制止导致发生火灾。

4. 事故结论与教训

（1）事故主要原因：

本次事故主要是由于施工单位违章操作，在有明火的作业场所使用汽油引起的火灾事故。在安全管理与安全教育上失误，施工区与宿舍区没有进行隔离且存放大量易燃材料无人制止，重大隐患导致了重大事故。

（2）事故性质：

本次事故属于责任事故。由于该企业片面强调经济效益，忽视安全管理，既没制定相应的安全技术措施，又没对作业现场环境进行检查和配备必需的防护用品、灭火器材，盲目施工导致发生火灾事故。

（3）主要责任：

1）施工项目负责人事前不编制方案、不进行作业环境检查，对施工人员不进行交底、不作危险告知，以致违章作业造成事故，且没有灭火器材自救导致严重损失，应负直接领导责任。

2）施工企业主要负责人平时不注重抓企业管理和对作业环境不进行检查，导致基层违章指挥，违章作业负有主要领导责任。

5. 事故的预防对策

（1）施工前应编制安全技术措施：

《建筑法》和《建设工程安全生产管理条例》都有明确规定，对危险性大的作业项目应编制分项施工方案和安全技术措施，要对作业环境进行勘察了解，按照施工工艺对施工过程中可能发生的各种危险，预先采取有效措施加以防止，并准备必要的救护器材，防止事故延伸扩大。

（2）先培训后上岗：

对使用危险品的人员，必须学习储存、使用、运输等相关知识和规定，经考核合格后上岗，在具体施工操作前，需根据实际情况进行安全技术交底，并教会使用救护器材，较大的施工工程应配有专业消防人员进行检查指导。

（3）落实各级责任制：

对于危险品的使用除应配备专业人员外，还应建立各级责任制度，并有针对性地进行检查，使这一工作切实从思想上、组织上及措施上落实。

6. 专家点评

本次事故违反了《化学危险品管理条例》的相关规定，要求对危险品的储存、使用远离生活区，远离易燃品，配备必要的应急救援器材和施工前编制分项工程专项施工方案并派人监督实施。易燃易爆物品的主要防范是要严格控制火源。使用各种易挥发、燃点低等材料时，必须了解其含量、性质，存放保持隔离、通风，作业环境应有灭火器材、无关人员应远离易燃物品，严禁火源。

建筑施工过程中的防水工程、油漆装饰等作业，常常使用的稀释剂中，不仅含有毒有害物质，同时因挥发性强、燃点低也属易燃物品。在施工中必须预先考虑危险品材料存放库，随用随领；使用场所应远离木材、保温等易燃材料；专门设置油漆配制等工序的作业区，下班后将剩余少量的稀释剂妥善存放防止发生意外。

本次事故是因明火场所使用汽油，这是严格禁止的，对于装修专业队伍本是基本知识，而此次事故说明该施工单位平时失于管理，再加上现场混乱，易燃材料随意堆放，使火灾发生且扩大，导致火灾事故。

5.14 山东省淄博市某石化氯碱厂工程爆炸事故

1. 事故简介

2000 年 3 月 7 日 9 时 44 分，山东省淄博市某石化氯碱厂技改工地发生一起爆炸事故，造成 3 人死亡。

2. 事故发生经过

某石化氯碱厂聚氯乙烯车间 PVC 改扩建工程，计划定于 2000 年 5 月停产大修施工，由中国化学工程第 X 建设公司第二分公司承接此项改造工程。为赶工期，2000 年 3 月 1 日在某石化公司召开的氯碱改造工程协调会上，提出能否在大修前将 PVC 废气碳钢管换成不锈钢管，即在不停产的情况下进行PVC废气管改造施工。3月1日下午，某化建项目经理找到氯碱厂聚氯乙烯车间主任（聚氯乙烯改造工程厂方项目负责人）进行对接。经商定，认为可以施工，但需采取加盲板与生产系统隔离和氮气置换等安全措施。

3月7日8时许，施工单位安全员与车间分析员一起到现场进行测试分析，后由车间人员去办理动火审批。该化建负责项目施工的综合作业组组长按照项目经理3月6日下午的安排，组织安排对TK—402/1-5浆料罐进行施工。9时44分，3人在动火审批未经许可的情况下，在对TK—402/3罐顶拆螺栓加盲板施工时发生爆炸，造成3人死亡。

3. 事故原因分析

（1）技术方面：

在正在运行中的易燃易爆界区内作业，对危险源及其应对措施缺乏足够的认识。对作业人员进行聚氯乙烯化学特性及其致害性质的安全交底针对性不强，未对危险场所专用工具和特殊防范措施给予充分重视是此次事故的技术原因。

（2）管理方面：

施工单位因抢工程进度，在被改造施工装置没有停产的情况下，没有采取可靠的安全防范措施，没有取得动火审批（动火审批手续正在办理过程中），作业组从事拆螺栓加盲板作业，是导致事故发生的直接原因。

管理不到位，安全责任制不落实。氯碱厂对外来施工队伍管理不严，对PVC改造工程施工现场安全监管不力，安全把关不细不严，不能及时发现和制止违章施工行为，现场安全管理失控，设备管理有漏洞是本次事故重要原因。

4. 事故结论与教训

施工过程中安全管理不到位是此次事故的主要原因。

首先，建设单位对此次事故所涉及的界区没有进行严格的要求，在施工过程中也没有严格的管理措施。

其次，总承包单位对此次事故所涉及界区的安全监督管理不到位，存在以包代管现象，未在现场派驻专职安全管理人员，未进行具体的技术交底，没有审查分包单位的安全措施。

再次，施工单位在运行中的易燃易爆界区内作业，对危险源缺乏足够的认识。对作业人员进行聚氯乙烯化学特性及其致害性质的安全交底针对性不强；未对危险场所专用工具和特殊防范措施给予充分重视。

上述原因导致了在可燃性气体弥漫的环境中作业人员未采取可靠的防范措施，用不符合要求的工器具作业或从事违禁作业，安全管理的各个环节都出现疏漏。

5. 事故的预防对策

严格执行安全生产各项规章制度，有章必循，在编制技术方案的同时，编制安全技术措施和生产安全事故应急救援预案，落实具体防范措施。

加强安全技术知识教育和安全意识教育，针对有毒有害和化学危险品进行专项教育，使作业人员充分了解其危险性和危害性。对此类作业进行专项安全技术交底。

加强安全监管力度，严肃施工安全规章制度，加强施工明火作业安全管理。

6. 专家点评

这是一起严重违章指挥和违章作业引发的生产安全事故。在带压力或易燃易爆气体管道及容器上，严禁进行维修作业。此项工程在未停产的情况下进行施工作业，是此次事故的根源所在。在特定的环境下施工作业，本应严格制定施工技术措施，进行针对该环境下施工作业的安全交底。在该作业现场已形成爆炸性混合性气体，无论动明火，还是金属敲击产生火花都能导致爆炸。但是建设单位、施工单位和施工人员对施工作业场所的易燃、易爆介质的性质、特点、危险性缺乏足够的认识。特别是建设单位，本应对化工材料的性质十分了解，但由于安全素质不高，安全意识淡薄是这起事故发生的一个根本原因。

近几年，化工施工单位承担石油、化工、炼油生产装置的检修、改造时，普遍缺乏完善的安全技术措施。其原因是原来化工部施工单位执行的由化工部基建局和中石化联合发布的《炼油、化工安全施工规程》的内容已不能适应施工生产的需要，特别是中石化已于1997年将规程修订后重新颁布，其中对生产装置运行、检修、改造期间的内容作了重大改动。为此，化工施工行业应尽快制定相应施工安全标准。

5.15　上海赛科石油化工有限责任公司检维修作业闪爆事故

1. 事故简介

2018年5月12日15时33分左右，中石化上海赛科石油化工有限责任公司（以下简称上海赛科公司）一苯罐进行检维修作业时发生闪爆事故，造成检维修作业承包商上海埃金科工程建设服务有限公司（以下简称上海埃金科公司）6名现场作业人员死亡。

2. 事故发生经过

2018年3月，上海赛科公司发现编号为75-TK-0201苯罐（内浮顶罐）呼吸阀排放VOC超标，检修后VOC仍然超标，判断浮盘密封泄漏，并安排清空检修。4月19日，对该苯罐倒空作业并加盲板隔离，蒸罐、氮气置换至5月1日。5月2日，打开储罐人孔进行检查，5月3日至7日检查浮盘密封损坏情况，发现约1/4浮盘浮箱存在积液。5月8日，上海赛科公司组织上海埃金科公司、浮盘浮箱厂家确认超过1/2浮盘浮箱存在积液，决定拆除更换浮盘浮箱。5月9日，上海埃金科公司将疑有积液的浮箱全部打孔，并将积液用泵排至另一苯罐。5月10日起，组织进行拆除浮箱作业。5月12日13时15分，上海埃金科公司安排8名作业人员继续作业（其中，6人在罐内，1人在罐外进行接受浮箱的传出作业，1人在罐外监护），另有1名上海赛科公司操作人员在罐外对作业实施监护，15时33分左右罐内发生闪爆。初步分析，事故直接原因是：打孔后的浮箱内残存苯液流出，在罐内形成爆炸性混合气体，由于作业人员使用非防爆工具产生点火源引发事故。详细原因上海市安全监管局正在组织进一步调查。

3. 事故原因分析

经初步调查，事故暴露出事故企业和承包商安全风险管理缺失、专业管理缺位、漠视重大危险源管理、特殊作业管理流于形式、违规违章严重等突出问题：一是安全风险意识差、能力不足，安全风险辨识评估不全面、不到位。事故企业和承包商均没有对苯罐检维修作业进行全面深入细致的安全风险评估。《75-TK-0201苯罐检修施工方案》（以下简称施工方案），虽然识别了苯的毒害特性和泄漏风险，但没有识别苯的易燃易爆特性和苯罐受限空间内的爆炸风险。二是特殊作业管理不到位。施工方案规定使用防爆器具和铜质工具，但现场作业人员使用钢制扳手和非防爆电钻，受限空间作业中对可燃气体含量的检测不具有代表性，仅在人孔处进行了检测。三是变更管理缺失。在确认浮盘浮箱无修复价值、决定更换且浮箱残留有大量苯时，原施工内容和环境已发生了重大变化，但施工方案却没有进行调整，没有进行新的风险辨识和增加风险管控措施。四是对承包商管理不到位。上海赛科公司对承包商存在"以包代管"现象，没有严格审核承包商施工方案，在发现浮箱存在苯残液后，未及时告知承包商罐内存在的燃爆风险，也未及时采取相应的安全措施，现场配备的监护人员专业素质不能满足监护要求。五是现场作业人员违章作业。承包商作业人员危险化学品安全知识匮乏，现场发现有拖拽浮箱致其变形破损、用非防爆工具戳破浮箱导出苯残液等作业痕迹。六是漠视重大危险源管理。没有按照有关要求，对危险化学品罐区特殊作业实施升级管理。

4. 事故的结论和教训

事故发生后，上海市委书记、市长作出重要批示，要求全力搜救失踪人员，查明原因、举一反三、排查风险，切实防止此类事故再次发生。上海市副市长吴清等第一时间赶到现场指挥救援工作。相关部门迅速启动应急预案，立即展开应急处置和人员搜救工作。目前，事故原因正在进一步调查中。

5. 事故的预防对策

（1）严格落实企业安全生产主体责任，加强危险化学品罐区特殊作业安全风险辨识和管控。相关化工、危险化学品企业要牢固树立红线意识，落实主体责任，深刻吸取近年来危险化学品罐区和特殊作业环节事故教训，强化内浮顶罐检修的风险辨识与管控措施，充分认识进入受限空间、动火等特殊作业过程的重大安全风险，对所有构成重大危险源的危险化学品罐区动火、进入受限空间作业全部进行升级管理，分管负责人必须亲自组织对现场作业安全条件进行严格确认，确保作业安全。要严格按照《化学品生产单位特殊作业安全规范》，严格执行作业票审批制度，全面进行安全风险辨识分析，严格科学检测受限空间可燃气体浓度、有毒气体浓度、氧含量，切实落实各项防范措施，强化全过程监控。

（2）加强变更过程安全管理。相关企业要按照化工过程管理要素要求，建立健全并严格执行变更管理制度，全面辨识管控各类变更带来的风险。在工艺、设备、材料、化学品、公用工程、生产组织方式、人员和承包商等方面发生变化时，企业都要纳入变更管理，并分析可能带来的新的安全风险，采取消除和控制安全风险的措施，及时修改有关操作规程或施工方案。实施变更前，企业要组织专业人员进行审核和确认检查，确保变更具备安全条件。

（3）进一步加强承包商管理，坚决杜绝"以包代管"。2018年以来发生5起较大化工事故中有4起涉及承包商。业主企业要严格承包商资质审核，加强承包商员工培训，所有作业人员必须培训合格方可上岗操作。要严格对承包商施工方案的安全审查，同时要做好作业安全交底，并安排具备监护能力的人员负责检维修全过程现场监护。要加强对危险化学品罐区检维修发包、承包管理，不得将危险化学品罐区等危险场所检维修工程项目发包给不具备相应资质的施工单位，坚决杜绝层层转包和"以包代管"。

（4）切实落实政府监管责任，加大安全生产执法力度。地方各级安全监管部门包括各化工园区安全监管机构要加强对化工园区内动火、进入受限空间等特殊作业监管，有条件的可以聘请第三方机构对企业特殊作业实施专业化服务，确保特殊作业安全。要认真对照《化工和危险化学品生产经营单位重大生产安全事故隐患判定标准（试行）》（安监总管三〔2017〕121号），凡是特殊作业构成重大隐患的，要依法依规予以上限处罚并停产整顿。

（5）认真做好夏季和汛期安全生产工作。夏季高温、高湿、暴雨、雷电多发，各地区和相关化工、危险化学品企业要高度重视，加强灾害性天气、自然灾害预报预警，提前制定采取有效的防范应对措施，认真做好危险化学品企业夏季和汛期安全生产工作。进入2018年二季度以来，部分企业赶工期、追抢产量的愿望强烈，加之2018年化工市场效益持续向好，一旦放松思想、降低要求，极易发生事故。各化工、危险化学品企业要针对夏季和汛期安全生产特点，深入开展安全风险辨识管控和隐患排查治理，强化日常安全管理，确保安全生产。各地安全监管部门要突出监管重点，严格执法检查，严厉打击违法违规行为，推动企业落实主体责任，坚决遏制事故多发势头，切实维护职工群众生命财产安全和社会稳定。

6. 专家点评

本起事故目前还在调查中。根据事故发生经过及性质可以判断得出结论：企业要加强危险化学品罐区特殊作业安全风险辨识和管控，施工过程中分析可能带来的新的安全风险，采取消除和控制安全风险的措施，及时修改有关操作规程或施工方案。实施变更前，企业要组织专业人员进行审核和确认检查，确保变更具备安全条件。

企业和承包商加强安全风险管理，特殊作业要严格执行施工方案，原施工内容和环境发生重大变化，施工方案及时进行调整，制定新的风险辨识和增加风险管控措施。企业对承包商不能"以包代管"，应严格审核承包商施工方案。

附录 试题

一、单选题（本题型每题有 4 个备选答案。其中只有 1 个答案是正确的。多选、不选、错选均不得分）

1. 施工企业应当建立健全（　　）制度，加强对职工安全生产的教育培训；未经安全生产教育培训的人员，不得上岗作业。

A. 安全生产教育培训　　　　　　　　B. 安全技能学习激励

C. 劳保用品和学习资料统一配发　　　D. 岗位责任

正确答案：A

2. 建筑施工企业在编制施工组织设计时，对专业性较强的工程项目，（　　）。

A. 应当确定项目施工人员安全技能要求

B. 应当确定防护用品类型和标准

C. 视情况决定是否编制专项安全施工组织设计，但必须采取安全技术措施

D. 应当编制专项安全施工组织设计，并采取安全技术措施

正确答案：D

3. 生产经营单位应当向从业人员如实告知作业场所和工作岗位存在的（　　）、防范措施以及事故应急措施。

A. 危险因素　　　B. 事故隐患　　　C. 设备缺陷　　　D. 管理不足

正确答案：A

4. 国家对女职工和未成年工实行（　　）。

A. 特殊社会保障　　　　　　　　B. 特殊劳动保护

C. 特殊劳动保险　　　　　　　　D. 特殊工资补贴

正确答案：B

5. 监理工程师在实施监理过程中，发现存在重大事故隐患的，应立即要求施工单位（　　）；施工单位对重大事故隐患不及时整改的，应立即向建设行政主管部门报告。

A. 限期整改　　　B. 停工整改　　　C. 停工　　　D. 立即报告

正确答案：B

6. （　　）应当在施工现场采取维护安全、防范危险、预防火灾等措施；有条件的，应当对施工现场实行封闭管理。

A. 各级人民政府　　　　　　　　B. 监理单位

C. 建筑施工企业　　　　　　　　D. 建设单位

正确答案：C

7. 施工单位应当确保安全防护、文明施工措施费专款专用，在财务管理中（　　）列出安全防护、文明施工措施费用清单备查。

A. 一并　　　　　B. 单独　　　　　C. 认真　　　　　D. 准确

正确答案：B

8. 在建筑生产中最基本的安全管理制度是（　　　）。

A. 安全生产责任制度　　　　　　　B. 群防群治制度

C. 安全生产教育培训制度　　　　　D. 安全生产检查制度

正确答案：A

9. 建设工程安全管理的方针是（　　　）。

A. 安全第一，预防为主，综合治理　B. 质量第一，兼顾安全

C. 安全至上　　　　　　　　　　　D. 安全责任重于泰山

正确答案 A

10. 下面对安全理解最准确的是（　　　）。

A. 安全就是不发生事故　　　　　　B. 安全就是不发生伤亡事故

C. 发生事故的危险程度是可以承受的　D. 生产过程中存在绝对的安全

正确答案：C

11. 从安全生产的角度看，（　　　）是指可能造成人员伤害、疾病、财产损失、作业环境破坏或其他损失的根源或状态。

A. 危险　　　　　　　　　　　　　B. 事故隐患

C. 危险源　　　　　　　　　　　　D. 重大危险源

正确答案：C

12. 下面（　　　）是海因里希事故连锁理论事故发生过程中的五个部分。

A. 管理缺陷；环境缺陷；人的不安全行为和物的不安全状态；事故；伤害

B. 遗传及社会环境；人的缺点；直接原因；事故；伤害

C. 遗传及社会环境；人的缺点；人的不安全行为和物的不安全状态；事故；伤害

D. 基本原因；间接原因；人的不安全行为和物的不安全状态；事故；损失

正确答案：C

13. 人本原理体现了以人为本指导思想，其中包括三个原则，下列（　　　）不是体现人本原理的原则。

A. 激励原则　　　　　　　　　　　B. 能级原则

C. 动力原则　　　　　　　　　　　D. 本质安全化原则

正确答案：D

14. 根据能量意外释放理论，能量逆流于人体造成的伤害分为两类。其中，第一类伤害指（　　　）。

A. 由于施加了局部或全身性损伤阈值的能量引起的伤害，如物体打击伤害等

B. 由于影响了局部或全身性能量交换引起的伤害，如中毒伤害等

C. 由于能量超过人体的损伤临界值导致局部或全身性的伤害，如冻伤等

D. 由于接触的能量不能被屏蔽导致的局部或全身性的伤害，如触电伤害等

正确答案：A

15. 可能导致重大事故发生的（　　　）就是重大危险源。

129

A. 隐患　　　　　　B. 危险源　　　　　　C. 事故隐患　　　　D. 单元

正确答案：B

16. "3E 原则"指的是利用（　　）防止事故的发生。

A. 工程技术对策、教育对策、管理对策

B. 安全管理对策、预防对策、法规对策

C. 工程技术对策、教育对策、法制对策

D. 预防对策、教育对策、法制对策

正确答案：C

17. （　　）泛指生产系统中可导致事故发生的人的不安全行为、物的不安全状态和管理上的缺陷。

A. 危险　　　　　　B. 事故隐患　　　　　C. 危险源　　　　　D. 重大危险源

正确答案：B

18. 安全管理必须要有强大的动力，并且正确地应用动力，从而激发人们保障自身和集体安全的意识，自觉积极地搞好安全工作。这体现了人本原理中的（　　）原则。

A. 激励　　　　　　B. 系统　　　　　　　C. 动力　　　　　　D. 监督

正确答案：A

19. 在可能发生人身伤害、设备或设施损坏和环境破坏的场合，事先采取措施，防止事故的发生。这体现了（　　）的运用。

A. 预防原理　　　　B. 本质安全化原则　　C. 安全第一原则　　D. 系统原理

正确答案：A

20. 预防原理的（　　）原则告诉我们，造成人的不安全行为和物的不安全状态原因可归结为四个方面。

A. 偶然损失　　　　B. 本质安全化　　　　C. 因果关系　　　　D.3E 原则

正确答案：C

21. 企业的（　　）是企业安全的第一责任者。

A. 安全部主管　　　　　　　　　　　　B. 生产部主管

C. 最高层主管　　　　　　　　　　　　D. 产品科研部主管

正确答案：C

22. （　　）是生产经营单位各项安全生产规章制度的核心，是生产经营单位行政岗位责任和经济责任制度的重要组成部分。

A. 安全生产责任制　　　　　　　　　　B. 安全生产培训

C. 安全生产技术措施　　　　　　　　　D. 职业安全健康管理体系

正确答案：A

23. 在安全生产活动中，危险度是由（　　）决定的。

A. 发生事故的可能性和危害程度　　　　B. 发生事故的可能性和严重性

C. 事战发生的广度和严重性　　　　　　D. 事故发生的广度和危害程度

正确答案：B

24. 安全管理中的本质化原则是指从一开始从本质上实现安全化，从（　　）消除事故发生的可能性。

    A. 技术上   B. 根本上   C. 管理上   D. 本质上

                                                           正确答案：B

25. 根据能量意外释放理论，能量逆流于人体造成的伤害分为两类。其中，第二类伤害指（   ）。

    A. 由于施加了局部或全身性损伤阈值的能量引起的伤害，如物体打击伤害等

    B. 由影响了局部或全身性能量交换引起的伤害，如中毒伤害等

    C. 由于能量超过人体的损伤临界值导致局部或全身性的伤害，如冻伤等

    D. 由于接触的能量不能被屏蔽导致的局部或全身性的伤害，如触电伤害等

                                                           正确答案：A

26. 生产经营单位建立健全安全生产责任制体现了系统原理中（   ）。

    A. 动态相关性原则   B. 整分合原则

    C. 反馈原则   D. 封闭原则

                                                   正确答案 B

27. （   ）用系统论的观点、理论和方法来认识和处理管理中出现的问题。

    A. 人体模型原理   B. 预防原理   C. 系统原理   D. 强制原理

                                                           正确答案：C

28. （   ）是安全生产的灵魂。

    A. 安全文化   B. 安全投入   C. 安全法制   D. 安全责任心

                                                           正确答案：D

29. 为了加强安全生产管理，防止发生生产安全事故，生产经营单位配备（   ）。

    A. 安全管理机构   B. 安全生产管理人员

    C. 安全管理制度   D. 劳动保护用品

                                                           正确答案：B

30. 保证本单位安全生产投入的有效实施是生产经营单位主要负责人的（   ）。

    A. 权利   B. 义务   C. 职责   D. 主要工作

                                                            正确答案：C

31. （   ）不属于为防止事故发生而采用的安全技术。

    A. 整改事故隐患   B. 监控危险源   C. 紧急救援预案   D. 限制能量

                                                           正确答案：C

32. 隔离是把被保护对象与意外释放的能量或危险物质隔开，以下不属于隔离措施的是（   ）。

    A. 隔开   B. 封闭   C. 个体防护   D. 缓冲

                                                           正确答案：C

33. 按照系统安全工程的观点，安全是指系统中人员免遭（   ）的伤害。

    A. 事故   B. 不可承受危险   C. 危险源   D. 意外

                                                           正确答案：B

34. 安全生产管理的目标是减少、控制危害和事故，尽量避免生产过程中由于

（　　）所造成的人身伤害、财产损失及其他损失。

    A. 事故   B. 管理不善   C. 危险源   D. 事故隐患

正确答案：A

35. （　　）就是要求在进行生产和其他工作时把安全工作放在一切工作的首要位置。

    A. 预防为主   B. 以人为本   C. 安全优先   D. 安全第一

正确答案：D

36. 在管理系统中，建立一套合理能级，根据单位和个人能量的大小安排工作，发挥不同的能量，保证结构的（　　）和管理的有效性，这就是能级原则。

    A. 稳定性   B. 动态性   C. 组织性   D. 不断调整

正确答案：A

37. 从安全生产来看，危险源是可能造成人员伤害、疾病、财产损失、作业环境破坏或其他损失的（　　）。

    A. 本质   B. 物质   C. 状态   D. 设施

正确答案：C

38. 关于"动态相关性原则"的说法，正确的是（　　）。

    A. 及时捕捉各种安全生产信息，掌握系统环境的变化

    B. 推动管理活动的基本力量是人，因此，管理必须激发人的工作能力

    C. 如果管理系统的各要素都处于静止状态，就不会发生事故

    D. 激发人的内在潜力，使其充分发挥积极性、主动性和创造性

正确答案：C

39. 安全管理中的本质化原则是指从一开始从本质上实现安全化，从根本上消除事故发生的（　　）。

    A. 可能性   B. 严重性   C. 概率性   D. 危害性

正确答案：A

40. 安全管理必须要有强大的动力，并且正确地应用动力，从而激发人们保障自身和集体安全的意识，自觉积极地搞好安全工作。这种管理原则是人本原理中的（　　）原则。

    A. 激励   B. 动态相关性   C. 动力   D. 因果关系

正确答案：A

41. 事故的发生是许多因素互为因果连续发生的最终结果，只要诱发事故的因素存在，发生事故是必然的，只是时间或迟或早而已，这就是（　　）。

    A. 偶然损失原则   B. 安全第一原则   C. 因果关系原则   D. 动态相关原则

正确答案：C

42. 生产经营单位的安全生产管理机构是专门负责（　　）的内设机构，其工作人员是专职安全生产管理人员。

    A. 安全生产管理   B. 安全生产技术

    C. 安全生产教育培训   D. 安全生产监督与管理

43. 根据系统安全工程的观点，危险是指系统发生不期望后果的可能性超过了（　　）。

    A. 安全性要求   B. 可预防的范围

    C. 规章制度的要求   D. 人们的承受程度

正确答案：D

44. 安全生产管理，就是针对人们在安全生产过程中的安全问题，运用有效的资源，发挥人们的智慧，通过人们的努力，进行有关（　　）等活动。

    A. 决策、计划、组织和控制   B. 计划、组织、反馈和控制

    C. 决策、实施、计划和改进   D. 评价、计划、实施和改进

正确答案：A

45. 本质安全是安全生产管理（　　）的根本体现，也是安全生产管理的最高境界。

    A. 安全第一   B. 预防为主   C. 以人为本   D. 安全优先

正确答案：B

46. 下列说法中，不正确的是（　　）。

    A. 安全是相对的概念   B. 无危则安，无缺则全

    C. 世界上有绝对安全的事物   D. 安全和危险均是一种状态

正确答案：C

47. 推动管理活动的基本力量是人，管理必须有能够激发人的工作能力的动力，这就是（　　）。

    A. 动力原则   B. 能级原则   C. 激励原则   D. 3E 原则

正确答案：A

48. 目前我国建筑业伤亡事故的主要类型是（　　）。

    A. 高处坠落、坍塌、物体打击、机械伤害、触电

    B. 高处坠落、中毒、坍塌、触电、火灾事故

    C. 坍塌、粉尘、高处堕落、触电、塔吊事故

    D. 坍塌、物体打击、机械伤害、触电、火灾事故

正确答案：A

49. 建设工程安全生产的特点以下哪几个方面的描述最为准确（　　）。

    A. 单一性、分散性、露天施工、参与方多

    B. 投资大、施工周期长

    C. 高处施工危险性大

    D. 施工技术复杂和作业人员素质普遍低下

正确答案：A

50. 下列哪部法规是我国真正意义上的针对建设工程安全生产的（　　）。

    A.《建设工程安全生产管理条例》   B.《建筑法》

    C.《安全生产法》   D.《消防法》

51. 下列哪个不是事故处理的原则（   ）。

A. 安全第一、预防为主的原则　　　　　　B. "四不放过"原则

C. 公正、公开的原则　　　　　　　　　　D. 实事求是、尊重科学的原则

正确答案：A

52. 造成人的不安全行为和物的不安全状态的原因不包括以下哪个原因（   ）。

A. 技术原因　　　　　B. 教育原因　　　　　C. 管理原因　　　　　D. 行为原因

正确答案：D

53. （   ）不属于生产经营单位主要负责人安全生产教育培训的内容。

A. 工伤保险的政策、法律、法规　　　　　B. 安全生产管理知识和方法

C. 国家有关安全生产的方针、政策　　　　D. 典型事故案例分析

正确答案：A

54. 以下不属于安全管理基本原理的五个要素的是（   ）。

A. 政策　　　　　　　B. 组织　　　　　　　C. 调查　　　　　　　D. 业绩测量

正确答案：C

55. 安全的组织管理是指（   ）。

A. 制定有效的安全管理政策

B. 设立安全管理的机构

C. 设计并建立一种责任和权力机制以形成安全的工作环境的过程

D. 把安全管理作为组织目标的一部分

正确答案：C

56. 安全管理的核心内容是（   ）。

A. 制定安全技术方案　　　　　　　　　　B. 建立和维持安全控制系统

C. 增加安全投入　　　　　　　　　　　　D. 加强内部沟通

正确答案：B

57. 安全计划的目的是（   ）。

A. 风险辨识　　　　　　　　　　　　　　B. 建立组织机构

C. 共享安全知识和经验　　　　　　　　　D. 明确进行有效的风险控制所必需的资源

正确答案：D

58. 不属于制定灾害与风险控制标准时应该考虑的四个阶段的是（   ）。

A. 风险识别阶段　　　B. 风险控制阶段　　　C. 风险评估阶段　　　D. 输入控制阶段

正确答案：D

59. 不属于安全管理评审系统评估安全管理的要素的是（   ）。

A. 组织管理　　　　　　　　　　　　　　B. 政策、目标、范围和有效性

C. 公司营销战略　　　　　　　　　　　　D. 安全业绩量测系统

正确答案：C

60. 建筑施工事故中，所占比例最高的是（   ）。

A. 高处坠落事故　　　B. 各类坍塌事故　　　C. 物体打击事故　　　D. 起重伤害事故

61. 2001 年，我国建筑业从业人员中，农民工约占（　　）。

A. 50％　　　　　　B. 60％　　　　　　C. 70％　　　　　　D. 80％

62. 专职安全生产管理人员的配备办法由（　　）会同其他有关部门制定。

A. 企业负责人　　　　　　　　　　　B. 地方政府

C. 国务院建设行政主管部门　　　　　D. 项目经理部

63. 施工单位的项目负责人应当由取得相应（　　）的人员担任。

A. 技术职称　　　　B. 工作年限　　　　C. 执业资格　　　　D. 行政职务

64. 施工单位采购、租赁的安全防护用具、机械设备、施工机具及配件，应当在进入施工现场前进行（　　）。

A. 清点数量　　　　B. 定期检查　　　　C. 查验　　　　D. 验收

65. 施工现场的安全防护用具、机械设备、施工机具及配件必须由（　　）管理，定期进行检查、维修和保养，建立相应的资料档案，并按照国家有关规定及时报废。

A. 项目部　　　　B. 作业班组　　　　C. 操作人员　　　　D. 专人

66. 分包单位使用承租的机械设备和施工机具及配件的，进行验收时，可不参加的是（　　）。

A. 总承包　　　　B. 分包　　　　C. 业主　　　　D. 出租单位

67. 施工单位应当自施工起重机械和整体提升脚手架、模板等自升式架设设施验收合格后，向建设行政主管部门或者其他有关部门登记后，取得的标志应当（　　）。

A. 保存在档案室内　　　　　　　　　B. 置于或者附着于该设备的显著位置

C. 由操作者保管　　　　　　　　　　D. 由项目的机械管理员保管

68. 县级以上人民政府在履行安全监督检查职责时，有权（　　）。

A. 更换施工单位　　B. 指定施工人员　　C. 撤换分包单位　　D. 进入现场检查

69. 县级以上人民政府在履行安全监督检查职责时，对于发现的重大安全事故隐患在排除前或者排除过程中无法保证安全的，采取的必要措施是（　　）。

A. 继续施工

B. 更换施工队伍

C. 责令从危险区域撤出作业人员或暂时停止施工

D. 责令施工单位主要负责人作出检查

70. 实施总承包的建设工程发生事故，由（   ）负责上报事故。

A. 业主　　　　　　　　　　　　　　B. 总承包单位

C. 发生事故的单位　　　　　　　　　D. 在事故发生地点的单位

正确答案：B

71. 《国务院关于进一步加强安全生产工作的决定》中指出：要努力构建（   ）的安全生产工作格局。

A. "政府统一领导、部门依法监管、企业全面负责、群众参与监督、全社会广泛支持"

B. "政府统一领导、部门全面负责、企业依法监管、群众参与监督、全社会广泛支持"

C. "政府依法监管、部门统一领导、企业全面负责、群众参与监督、全社会广泛支持"

D. "政府全面负责、部门统一领导、企业依法监管、群众参与监督、全社会广泛支持"

正确答案：A

72. 施工单位应当设立安全生产管理机构，配备（   ）安全生产管理人员。

A. 兼职　　　　B. 专职　　　　C. 业余　　　　D. 代理

正确答案：B

73. 建设工程实行施工总承包的，由总承包单位对施工现场的安全生产（   ）。

A. 负连带责任　　　B. 负相关责任　　　C. 负总责　　　D. 不负责

正确答案：C

74. 安全生产教育和培训范围是（   ）。

A. 总包单位的职工　　　　　　　　　B. 分包单位的职工

C. 本企业的职工与分包单位的职工　　D. 有违章作业记录的职工

正确答案：C

75. 根据《建筑企业职工安全培训教育暂行规定》的要求，企业法人代表、项目经理教育和培训的时间每年不少于（   ）。

A. 20 学时　　　B. 30 学时　　　C. 40 学时　　　D. 50 学时

正确答案：B

76. 安全教育和培训按等级、层次和工作性质分别进行，对管理人员培训的重点是（   ）。

A. 遵章守纪　　　　　　　　　　　　B. 安全生产意识和安全管理水平

C. 自我保护　　　　　　　　　　　　D. 提高防范事故的能力

正确答案：B

77. 对职工进行安全生产、劳动保护方面的法律、法规的宣传教育，从法制角度认识安全生产的重要性，要通过学法、知法来守法，这种教育形式属于（   ）。

A. 安全知识教育　　　　　　　　　　B. 安全法制教育

C. 三级安全教育　　　　　　　　　　D. 遵章守纪、自我保护能力教育

78. 通过对一些典型事故进行原因分析、事故教训及预防事故发生所采取的措施来教育职工，这种教育形式属于（　　）。

A. 日常教育　　　　　　　　　　　B. 安全法制教育

C. 事故案例教育　　　　　　　　　D. 遵章守纪、自我保护能力教育

正确答案：C

79. 工人在分配到施工队之前，首先进行公司级安全教育。下列内容不属于公司级安全教育内容的是（　　）。

A. 劳动保护的意义和任务的一般教育

B. 安全生产方针、政策、法规、标准、规范、规程和安全知识

C. 安全生产纪律和文明生产要求

D. 企业安全规章制度

正确答案：C

80. 安全生产管理的根本目的是（　　）。

A. 消除隐患，杜绝事故

B. 避免造成人身伤亡，财产损失

C. 提高企业安全生产管理水平

D. 保证生产经营活动中的人身安全、财产安全，促进经济发展

正确答案：D

81. 建筑施工企业（　　），是指由企业法定代表人授权，负责建设工程项目管理的负责人等。

A. 企业法定代表人　　　　　　　　B. 经理

C. 企业分管安全生产工作的副经理　D. 项目负责人

正确答案：D

82. 依据《安全生产许可证条例》（国务院 2004 年第 397 号）的规定，国家对建筑施工企业实施（　　）制度。

A. 安全生产许可证　　B. 定期安全检查　　C. 施工许可证　　D. 行业监督

正确答案：A

83. 安全生产责任制要在（　　）上下真功夫，这是关键的关键。

A. 健全、完善　　　　B. 分工明确　　　　C. 贯彻落实　　　　D. 先进合理

正确答案：C

84. 建筑施工企业的管理人员违章指挥、强令职工冒险作业，发生重大伤亡事故或者造成其他严重后果的（　　）。

A. 依法追究刑事责任　　　　　　　B. 给予党纪、政纪处分

C. 给予降级、撤职处分　　　　　　D. 加重罚款

正确答案：A

85. 从业人员经过安全教育培训，了解岗位操作规程，但未遵守而造成事故的，行为人应负（　　）责任，有关负责应负（　　）责任。

A. 直接 间接   B. 直接 领导   C. 间接 管理   D. 直接 管理

正确答案：D

86. 班组长在安全生产中应切实做到（　　　）。

A. 尽职尽责，安全生产

B. 安全第一，预防为主

C. 不违章指挥，不违章作业，遵守劳动纪律

D. 安全生产，争创效益

正确答案：D

87. 关于安全施工技术交底，下面说法正确的是（　　　）。

A. 施工单位负责项目管理的技术人员向施工作业人员的交底

B. 专职安全生产管理人员向施工作业人员交底

C. 施工单位负责项目管理的技术人员向专职安全生产管理人员交底

D. 施工作业人员向施工单位负责人交底

正确答案：A

88. 施工单位的安全生产费用不应该用于（　　　）。

A. 购买施工安全防护用具   B. 安全设施的更新

C. 安全施工措施的落实   D. 职工安全事故的赔偿

正确答案：D

89. 施工单位应当在施工组织设计中编制安全技术措施和施工现场临时用电方案，对基坑支护与降水工程等一些达到一定规模的危险性较大的分部分项工程编制专项施工方案，并附具（　　　），经施工单位技术负责人、总监理工程师签字后实施，由专职安全生产管理人员进行现场监督。

A. 安全验算结果   B. 施工人员名单

C. 监理工程师名单   D. 安全预算

正确答案：A

90. 涉及深基坑、地下暗挖工程、高大模板工程的专项施工方案，施工单位还应当（　　　）。

A. 重新测算安全验算结果   B. 组织专家进行论证、审查

C. 附监理工程师名单   D. 附安全预算

正确答案：B

91. 建设工程施工前，施工单位负责项目管理的技术人员应当对有关安全施工的技术要求向施工作业班组、作业人员作出详细说明，并由（　　　）签字确认。

A. 双方   B. 作业人员   C. 监理工程师   D. 项目负责人

正确答案：A

92. （　　　）应当审查施工组织设计中的安全技术措施或者专项施工方案是否符合工程建设强制性标准。

A. 建设单位   B. 工程监理单位   C. 设计单位   D. 施工单位

正确答案：B

93. （　　），系指为防止施工过程中工伤事故和职业病的危害而从技术上采取的措施。

A. 安全技术措施　　　B. 施工技术　　　　C. 施工方案　　　D. 安全评价

正确答案：A

94. 一般场所不需要有安全交底资料的是（　　）。

A. 各种脚手架搭设、拆　　　　　　　B. 高处作业

C. 楼地面找平　　　　　　　　　　　D. 起重机械设备安、拆

正确答案：C

95. 安全交底应有书面材料，有（　　）。

A. 双方的签字　　　　　　　　　　　B. 交底日期

C. 双方的签字和交底日期　　　　　　D. 安全员签字和交底日期

正确答案：C

96. 现场安全生产管理人员负责对安全生产进行现场监督检查。发现安全事故隐患，应当及时向（　　）报告。

A. 安全生产管理机构　　　　　　　　B. 项目负责人

C. 主要负责人　　　　　　　　　　　D. 项目负责人和安全生产管理机构

正确答案：D

97. 安全生产管理人员负责对安全生产进行现场监督检查。对于违章指挥、违章操作的，应当立即（　　）。

A. 制止　　　　　　　　　　　　　　B. 向项目负责人报告

C. 向主要负责人报告　　　　　　　　D. 帮助整改

正确答案：A

98. 位于主要路段和市容景观道路及机场、码头、车站、广场的建筑施工现场设置的围栏其高度不得低于（　　）。

A. 1.8m　　　　B. 2.0m　　　　C. 2.5m　　　　D. 2.8m

正确答案：C

99. 大外墙板、内墙板放置时应该（　　）。

A. 将其固定，避免倾覆　　　　　　　B. 在下部垫通长木方

C. 使自稳角呈 70°～80°　　　　　　D. 专用堆放架内

正确答案：D

100. 施工单位应当根据建设工程施工的特点、范围，对施工现场（　　）进行监控、制定施工现场生产安全事故应急救援预案。

A. 违章指挥行为　　　　　　　　　　B. 易发生重大事故部位、环节

C. 即发性事故危险隐患　　　　　　　D. 违章作业行为

正确答案：B

101. 施工起重机械和整体提升脚手架、模板等自升式架设设施的使用达到国家规定的检验检测（　　）的，必须经具有相应资格的检验检测机构检测。

A. 标准　　　　B. 程序　　　　C. 期限　　　　D. 季节

正确答案：C

102. 垂直运输机械作业人员、安装拆卸工、爆破作业人员、起重信号工、登高架设作业人员等特种作业人员，必须按照国家有关规定经过（　　），并取得特种作业操作资格证书后，方可上岗作业。

A. 三级教育　　　　　　　　　　　B. 专门的安全作业培训

C. 安全常识培训　　　　　　　　　D. 安全技术交底

正确答案：B

103. 建设工程施工前，施工单位负责项目管理的（　　）应当对有关安全施工措施的技术要求向施工作业班组、作业人员作出详细说明，并由双方签字确认。

A. 项目经理　　　B. 技术人员　　　C. 安全员　　　D. 质检员

正确答案：B

104. 施工单位应当在施工现场入口处、施工起重机械、临时用电设施、脚手架、出入通道口、楼梯口、电梯井口、孔洞口、桥梁口、隧道口、基坑边沿、爆破物及有害危险气体和液体存放处等危险部位，设置明显的（　　）。

A. 安全提示标志　　　　　　　　　B. 安全宣传标志

C. 安全指示标志　　　　　　　　　D. 安全警示标志

正确答案：D

105. 施工组织设计，应以（　　）作为指导思想，针对工程的特点和施工方法、所使用的机械、设备、电气、特种作业、生产环境和季节影响等，制订出相应的安全技术措施。

A. 质量第一、安全第二　　　　　　B. 效率第一、质量第二

C. 安全第一、预防为主　　　　　　D 信誉第一、质量为主

正确答案：C

106. 对脚手架工程、施工用电、基坑支护、模板工程、起重吊装作业、塔吊、物料提升机及其他垂直运输设备等专业性较强的项目，要单独编制（　　）。

A. 冬期施工安全技术措施　　　　　B. 雨期施工安全技术措施

C. 专项安全施工组织设计　　　　　D. 夜间施工安全技术措施

正确答案：C

107. （　　）每天要对班组工人进行施工要求、作业环境的安全交底。

A. 施工员　　　B. 全体职工　　　C. 班组长　　　D. 监理工程师

正确答案：C

108. 安全技术交底应有书面材料，有（　　）。

A. 双方的签字　　　　　　　　　　B. 交底日期

C. A 和 B　　　　　　　　　　　　D. 安全员签字和交底日期

正确答案：C

109. 施工单位（　　）依法对本单位的安全生产工作全面负责。

A. 施工员　　　B. 项目负责人　　　C. 主要负责人　　　D. 安全员

正确答案：C

110. 实行施工总承包的，由总承包单位统一组织编制建设工程生产安全事故应急

救援预案，工程总承包单位和分包单位按照应急救援预案，（　　）。

A. 由总包单位组织，各分包单位联合建立应急救援组织或者配备应急救援人员

B. 由总包单位统一建立应急救援组织或者配备应急救援人员

C. 由总包单位建立应急救援组织或者配备急救援人员（分包单位只承担相关费用）

D. 各自建立应急救援组织或者配备应急救援人员

正确答案：D

111. 班组级安全教育是新工人分配到班组后，开始工作前的教育。下列内容不属于班组安全教育内容的是（　　）。

A. 本人从事施工生产工作的性质，必要的安全知识，机具设备及安全防护设施的性能和作用

B. 我国安全生产方针、政策、法规

C. 本工种安全操作规程

D. 本工种事故案例剖析、易发事故部位及劳防用品的使用要求

正确答案：B

112. 建设工程实行总包和分包的，分包单位确需进行改变施工总平面布置图活动的，应当先向（　　）提出申请，经同意后方可实施。

A. 总包单位　　　　B. 分包单位总部　　　　C. 建设单位　　　　D. 监理单位

正确答案：A

113. 实行工程总承包的，总承包单位依法将建筑工程分包给其他单位的，总承包单位与分包单位应当在分包合同中明确安全防护、文明施工措施费用由（　　）统一管理。

A. 建设单位　　　　B. 监理单位　　　　C. 总承包单位　　　D. 分包单位

正确答案：C

114. 安全防护、文明施工措施由分包单位实施的，由分包单位提出专项安全防护措施及施工方案，经（　　）批准后及时支付所需费用。

A. 建设单位　　　　　　　　　　B. 监理单位

C. 建设行政主管单位　　　　　　D. 总承包单位

正确答案：D

115. 安全生产教育和培训范围是（　　）。

A. 本企业的职工　　　　　　　　B. 分包单位的职工

C. 本企业的职工与分包单位的职工　　D. 有违章作业记录的职工

正确答案：C

116. 通过对一些典型事故进行原因分析、事故教训及预防事故发生所采取的措施来教育职工，这种教育形式属于（　　）。

A. 安全知识教育　　　　　　　　B. 安全法制教育

C. 事故案例教育　　　　　　　　D. 遵章守纪，自我保护能力教育

正确答案：C

117. （　　）是安全生产的第一责任人。

A. 项目负责人　　　　　　　　　B. 技术负责人

C. 专职安全生产管理人员 D. 企业法定代表人

正确答案：D

118. 在施工现场，（ ）是施工项目安全生产的第一责任者。

A. 项目经理 B. 施工员

C. 专职安全生产管理人员 D. 企业法定代表人

正确答案：A

119. 三级安全教育是指（ ）这三级。

A. 企业法定代表人、项目负责人、班组长

B. 公司、项目、班组

C. 公司、总包单位、分包单位

D. 建设单位、施工单位、监理单位

正确答案：B

120. 对（ ），必须按规定进行三级安全教育，经考核合格，方准上岗。

A. 新工人

B. 新工人、调换工种的工人或休假一周以上的工人

C. 新工人或调换工种的工人

D. 新项目开工前全部工人

正确答案：C

121. 项目教育是新工人被分配到项目以后进行的安全教育。下列内容不属于项目级安全教育内容的是（ ）。

A. 施工现场安全管理规章制度

B. 安全生产方针、政策、法规

C. 安全生产纪律和文明生产要求

D. 建安工人安全生产技术操作一般规定

正确答案：B

122. 班组级安全教育是新工人分配到班组后，开始工作前的教育。下列内容不属于班组安全教育内容的是（ ）。

A. 本人从事施工生产工作的性质，必要的安全知识，机具设备及安全防护设施的性能和作用

B. 安全生产方针、政策、法规、标准、规范、规程和安全知识

C. 本工种安全操作规程

D. 本工种事故案例剖析、易发事故部位及劳防用品的使用要求

正确答案：B

123. 特种作业操作证，每（ ）复审一次。

A. 1年 B. 1年半 C. 2年 D. 3年

正确答案：D

124. 离开特种作业岗位达（ ）以上的特种作业人员，应当重新进行实际操作考核、经确认合格后方可上岗作业。

A. 半年　　　　　　　B. 1 年　　　　　C. 2 年　　　　　D. 3 年

正确答案：A

125. 施工现场悬挂警示标志的目的是（　　）。

A. 为了装饰　　　　　　　　　　　B. 上级要求

C. 引起人们注意，预防事故发生　　D. 管理科学化的要求

正确答案：C

126. 两个以上单位交叉作业时，发生事故（　　）统计报告。

A. 属于哪个企业的职工，就由哪个企业　　B. 统一由建设单位

C. 统一由总包企业　　　　　　　　　　　D. 事故调查组确定的责任方企业

正确答案：A

127. 特种作业培训的内容是（　　）。

A. 劳动保护的意义和任务的一般教育

B. 安全生产方针、政策、法规、标准、规范、规程和安全知识

C. 安全技术理论和实际操作技能

D. 企业安全规章制度

正确答案：C

128. 电工、焊工、架工、司炉工、爆破工、机操工及起重工、打桩机和各种机动车辆司机等特殊工种工人，除进行一般安全教育外，还要经过（　　）。

A. 专业安全技术教育　　　　　　　B. 安全生产意识和安全管理水平教育

C. 三级安全教育　　　　　　　　　D. 遵章守纪、自我保护能力教育

正确答案：A

129. 作业人员（　　）前，应当接受安全生产教育培训。未经教育培训或者教育培训考核不合格的人员，不得上岗作业。

A. 进入新的岗位　　　　　　　　　B. 进入新的施工现场

C. 进入新的岗位或者每周一上班　　D. 进入新的岗位或者新的施工现场

正确答案：D

130. 下列哪个选项不是作业人员作业前应检查的内容（　　）。

A. 工具、设备是否存在不安全因素　　B. 现场环境是否存在不安全因素

C. 是否正确穿戴个人防护用品　　　　D. 施工方案是否完善

正确答案：D

131. 作业中出现危险征兆时，作业人员应（　　）。

A. 立即向作业队长汇报，原地待命

B. 立即停止作业、从安全通道撤离至安全区域，及时向主管领导汇报

C. 继续作业，等待技术人员判断危险程度

D. 继续作业，等待主管领导下达命令

正确答案：B

132. 下列哪个选项不包括在施工过程三不伤害之中（　　）。

A. 不伤害自己　　B. 不伤害他人　　C. 不被机械伤害　　D. 不被他人伤害

143

133. 制定安全生产责任制的目的是（　　）。

A. 增强员工安全意识　　　　　　　　B. 增强领导安全意识

C. 明确岗位安全责任　　　　　　　　D. 明确领导安全责任

正确答案：C

134. 作业人员在管道和污水井内作业应采取哪些措施（　　）。

A. 不需采取措施，直接下井作业

B. 作业前应对有害气体进行检测和排放

C. 作业前应派专人下井检查作业区域情况

D. 作业前应对有害气体进行检测和排放，向管道和井道内输入新鲜空气，并保持通风良好

正确答案：D

135. 作业人员在机械挖土清理基坑时，（　　）进入铲斗回转半径范围。

A. 可以　　　　　　B. 严禁　　　　　　C. 必须　　　　　　D. 不必

正确答案：B

136. 以下哪个选项不包括在建筑施工中常说的"四口"之中（　　）。

A. 通道口　　　　　　B. 大门口　　　　　　C. 楼梯口　　　　　　D. 预留洞口

正确答案：B

137. 患有下列哪种疾病的人员仍可以从事架子工作（　　）。

A. 高血压　　　　　　B. 心脏病　　　　　　C. 口腔溃疡　　　　　　D. 癫痫病

正确答案：C

138. 脚手架拆除时下方应设（　　），派专人旁站，自上而下拆除，严禁向下抛掷。

A. 加工区　　　　　　B. 料场　　　　　　C. 防护棚　　　　　　D. 警戒区

正确答案：D

139. 遇有（　　）级以上大风时应停止室外高处作业。

A. 3　　　　　　B. 4　　　　　　C. 5　　　　　　D. 6

正确答案：D

140. 搭、拆脚手架时作业人员必须戴（　　），系安全带，穿防滑鞋。

A. 护目镜　　　　　　B. 安全帽　　　　　　C. 耳塞　　　　　　D. 耳机

正确答案：B

141. 电动吊篮作业人员的安全带必须挂在（　　）。

A. 吊篮栏杆上　　　　　　　　　　B. 吊篮升降钢索上

C. 保险绳上　　　　　　　　　　　D. 不需要使用安全带

正确答案：C

142. 在吊运和安装大模板或预制构件时，吊钩下方严禁（　　），吊运前要认真检查吊索具和被吊点是否牢靠，听从信号工指挥。

A. 有水　　　　　　B. 有物　　　　　　C. 站人　　　　　　D. 通过

143. 下列哪个选项不是电工带电作业时必须遵守的安全要求（   ）。

A. 穿绝缘鞋   B. 戴绝缘手套

C. 必须有人监护，严禁酒后操作   D. 挂安全带

正确答案：D

144. 下列哪个选项不是常用的安全电压（   ）。

A. 12V   B. 110V   C. 24V   D. 36V

正确答案：B

145. 在特别潮湿和金属容器内作业使用的照明电压不得超过（   ）V。

A. 12   B. 15   C. 24   D. 36

正确答案：A

146. 人工挖扩孔时，孔下照明必须使用（   ）V以下安全电压照明。

A. 36   B. 24   C. 12   D. 9

正确答案：A

147. 高压架空线路断线，线头落在身旁的地面上，应一脚抬起或两脚在一起蹦出（   ）m以外，并设法切断电源或采取措施防止他人靠近。

A. 15   B. 20   C. 22   D. 25

正确答案：D

148. 进行拆、搭金属构架作业时，人及物体与一般带电设备应保持的安全距离是（   ）m。

A. 1.5   B. 2.0   C. 2.5   D. 3.0

正确答案：A

149. 电器灭火时不能采用哪种灭火器（   ）。

A. 二氧化碳灭火器   B. 泡沫灭火器

C. 四氯化碳灭火器   D. 干粉灭火器

正确答案：B

150. 遇有（   ）时不能在塔吊导轨旁边和物料提升机的周围进行作业。

A. 雷雨   B. 大风   C. 大雨   D. 大雪

正确答案：A

151. 电焊机二次线应使用专用焊把线，（   ）到位，焊把线不得有裸露接头，严禁借用金属管道、脚手架等金属物代替导线使用。

A. 单线   B. 双线   C. 保护零线   D. 工作零线

正确答案：B

152. 氧气瓶、乙炔瓶使用及存放时的间距应不小于（   ）m。

A. 1   B. 2   C. 4   D. 5

正确答案：D

153. 手持电动工具应绝缘良好，必须装有合格的（   ）保护装置，禁止拆改电源线和插头，并使用专用流动开关箱。

A. 过载   B. 短路   C. 漏电   D. 断路

正确答案：C

154. 使用蛙式打夯机时必须（   ）人操作。

A. 1   B. 2   C. 3   D. 4

正确答案：B

155. 打夯机的电源控制开关必须使用（   ）开关。

A. 自动   B. 刀闸   C. 倒顺   D. 单向

正确答案：D

156. 圆盘锯的（   ）部位应安装保护挡板或防护罩。

A. 传动   B. 开关   C. 轴箱   D. 启动

正确答案：A

157. 操作机械时工人应穿（   ）。

A. 宽松工作服   B. 紧身工作服，袖口不用上松紧带

C. 宽松工作服，袖口是松紧式   D. 紧身工作服，袖口是松紧式

正确答案：D

158. 钢筋加工机械和木工机械（   ）由未经专业培训的人员操作。

A. 可以   B. 禁止   C. 允许   D. 应该

正确答案：B

159. 使用无齿锯时应注意：锯片无裂痕和变形，禁止（   ），锯片的切线方向严禁站人，无齿锯应有防护罩，不得在锯片侧面打磨物料。

A. 空转   B. 反转   C. 正转   D. 拆除

正确答案：B

160. 人工开挖土方，两人横向间距不得小于（   ）m。

A. 1   B. 2   C. 3   D. 4

正确答案：B

161. 人工开挖土方，两人纵向间距不得小于（   ）m。

A. 1   B. 2   C. 3   D. 4

正确答案：C

162. 沟槽施工中发现沟、槽边坡有裂纹或部分下沉时，（   ）。

A. 立即将人员撤到安全位置，并及时报告有关部门，严禁冒险作业

B. 首先报告有关部门，工人原地待命

C. 立即将人员撤到安全位置，自行处理隐患

D. 让工人自行处理隐患

正确答案：A

163. 槽、坑、沟边1m外的堆土高度不得超过（   ）m。

A. 0.5   B. 1   C. 1.5   D. 2

正确答案：C

164. 安全带的正确系挂方法是（   ）。

A. 随意系挂   B. 低挂高用

C. 高挂低用   D. 根据现场情况系挂

正确答案：C

165. 凡在坠落基准面（　　）m 以上（含）有可能坠落的高处进行的作业为高处作业。

A. 2   B. 3   C. 4   D. 6

正确答案：A

166. 高处作业时手持工具和零星物料应放在（　　）。

A. 上衣口袋   B. 裤兜   C. 工具袋   D. 脚手板上

正确答案：C

167. 上下交叉施工作业时应采取（　　）措施。

A. 防护隔离   B. 防护   C. 隔离   D. 砂石

正确答案：A

168. 临边作业时操作人员的（　　）应位于室内，不得在窗台上站立，必要时应系好安全带。

A. 身体   B. 胳膊   C. 重心   D. 头部

正确答案：C

169. 安全色有（　　）种。

A. 4   B. 5   C. 6   D. 7

正确答案：A

170. 安全帽的作用是保护（　　），防止落物或碰撞突出物而受伤害。

A. 面部   B. 头部   C. 颈部   D. 耳部

正确答案：B

171. 下列哪个选项不是燃烧的基本条件（　　）。

A. 火源   B. 风力   C. 可燃物   D. 助燃物

正确答案：B

172. 火警电话是（　　）。

A. 114   B. 110   C. 120   D. 119

正确答案：D

173. 施工现场明火作业时必须开具（　　）。

A. 动火证   B. 出入证   C. 证明信   D. 动工证

正确答案：A

174. 进入施工现场严禁穿（　　）。

A. 绝缘鞋   B. 防滑鞋   C. 高跟鞋   D. 帆布鞋

正确答案：C

175. 大模板必须具备操作平台、上下（　　）、防护栏杆和工具箱等安全设施。

A. 马道   B. 爬杆   C. 爬梯   D. 楼梯

正确答案：C

176. 电梯井口必须设置不低于（　　）m 的金属防护门。

A. 0.5　　　　　　 B. 1.0　　　　　　 C. 1.2　　　　　　 D. 1.5

正确答案：C

177. 结构施工中的伸缩缝和后浇带必须用（　　）保护。

A. 彩条布　　　　　 B. 帆布　　　　　 C. 盖板　　　　　 D. 固定盖板

正确答案：D

178. 外用电梯各楼层卸料平台防护门的高度不得低于（　　）m。

A. 0.5　　　　　　 B. 1.0　　　　　　 C. 1.2　　　　　　 D. 1.5

正确答案：C

179. 建筑物内（　　）可以堆放物料。

A. 库房　　　　　 B. 楼梯间　　　　 C. 休息平台　　　 D. 阳台

正确答案：A

180. 施工中搬运材料应做到轻拿轻放，不得人为制造（　　）。

A. 垃圾　　　　　 B. 废弃物　　　　 C. 破坏　　　　　 D. 噪声

正确答案：D

181. 施工现场应节约能源，杜绝长流水、（　　）。

A. 长明灯　　　　 B. 不明灯　　　　 C. 低压灯　　　　 D. 破损灯

正确答案：A

182. 施工人员进出施工现场严禁翻墙、跨越护身栏和攀爬脚手架，进出施工区域必须走（　　）。

A. 人行马道　　　 B. 地下通道　　　 C. 脚手架空隙　 D. 安全通道

正确答案：D

183. 事故的直接责任者是指（　　）。

A. 与事故有必然因果关系的人　　　　 B. 公司法人

C. 项目经理　　　　　　　　　　　　 D. 工长

正确答案：A

184. 急救电话是（　　）。

A. 110　　　　　　 B. 114　　　　　　 C. 120　　　　　　 D. 119

正确答案：C

185. 预防中暑的方法有：（1）保持充足的睡眠和适当营养；（2）穿（　　）的衣服、延长午休时间；（3）饮用消暑饮料。

A. 密封性好的　　 B. 透气性好的　　 C. 保暖性好的　 D. 棉制的

正确答案：B

186. 发生中暑后应迅速将中暑者移到凉爽通风的地方，脱去或解松衣服，给患者喝含（　　）的饮料或凉开水，用凉水或酒精擦身。

A. 绵白糖　　　　 B. 白砂糖　　　　 C. 食盐　　　　　 D. 食醋

正确答案：C

187. 个人饮食卫生应注意饭前便后要洗手，不吃不干净的食品，不喝（　　）。

A. 开水   B. 生水   C. 饮料   D. 白酒

正确答案：B

188. 浇筑高度（   ）m 以上的墙体、柱、梁混凝土时，应搭设操作平台。

A. 2   B. 3   C. 4   D. 5

正确答案：A

189. 安全教育和培训按等级、层次和工作性质分别进行，操作者的重点是（   ）。

A. 安全管理水平

B. 安全生产意识和安全管理水平

C. 操作能力

D. 遵章守纪、自我保护和提高防范事故的能力

正确答案：D

190. 事故调查处理的原则是（   ）。

A. 尽快恢复生产，避免间接损失

B. 找到事故原因和责任人并进行处罚

C. "四不放过"原则

D. 对事故的责任及损失进行分析，尽快解决由此带来的影响

正确答案：C

191. 施工单位在采用新技术、新工艺、新设备、新材料时，应当对作业人员进行相应的（   ）。

A. 专业培训   B. 操作规程培训

C. 安全生产教育培训   D. 治安防范教育培训

正确答案：C

192. 安全设备的设计、制造、安装、使用、检测、维修、改造和报废，应当符合国家标准或者（   ）。

A. 行业标准   B. 地方标准   C. 企业标准   D. 厂家标准

正确答案：A

193. 生产经营单位对（   ）应当登记建档，定期检测、评估、监控，并制定应急预案，告知从业人员和相关人员应采取的紧急措施。

A. 事故频发场所   B. 重大事故隐患   C. 重大危险源   D. 重点工作人员

正确答案：C

194. 引起煤气中毒的主要原因是超量吸入（   ）。

A. 二氧化碳   B. 一氧化碳   C. 一氧化氮   D. 硫化氢

正确答案：B

195. 亚硝酸盐呈（   ），常被误食而中毒。

A. 粉红色粉末   B. 黄色粉末   C. 白色粉末   D. 浅蓝色结晶

正确答案：C

196. 当有人员烧伤时，应迅速将伤者衣服脱去，用水冲洗降温，不要任意把水泡弄破，目的是避免（   ）。

149

A. 身体着凉 B. 扩大影响 C. 创面感染 D. 加重伤者疼痛

正确答案：C

197. 建筑物内发生火灾，应该首先（ ）。
A. 立即停止工作，通过指定的最近的安全通道离开
B. 乘坐电梯离开
C. 向高处逃生
D. 就地等候救援

正确答案：A

198. 如果被生锈铁钉割伤，可能导致（ ）。
A. 肠热病 B. 伤风病 C. 破伤风病 D. 疟疾

正确答案：C

199. 高温场所为防止中暑，应多饮以下哪种饮料（ ）。
A. 矿泉水 B. 汽水 C. 淡盐水 D. 纯净水

正确答案：C

200. 建筑行业职工负伤后（ ）内死亡的，应作为死亡事故填报或补报。
A. 30 天 B. 60 天 C. 90 天 D. 120 天

正确答案：A

201. （ ）的基本含义是提醒人们对周围环境引起注意，以避免发生危险的图形标志。
A. 禁止标志 B. 警示标志 C. 指示标志 D. 警告标志

正确答案：D

202. 重大危险源是指长期地或临时地生产、加工、搬运、使用或贮存危险物质，且危险物质的（ ）等于或超过临界量的单元。
A. 重量 B. 数量 C. 质量 D. 数目

正确答案：B

203. 各种气瓶在存放和使用时，要距离明火（ ）以上，并且避免在阳光下暴晒，搬动时不得碰撞。
A. 10m B. 8m C. 5m D. 3m

正确答案：A

204. 临时搭设的建筑物区域内，每（ ）配备 2 只 10L 火机。
A. 80m² B. 100m² C. 120m² D. 150m²

正确答案：B

205. 临时木工间、油漆间和木、机具间等每（ ）配备一只种类合适的灭火机。
A. 15m² B. 20m² C. 25m² D. 30m²

正确答案：C

206. 施工现场的动火作业，必须执行（ ）。
A. 动火前审批制度 B. 公告制度
C. 动火时报告制度 D. 动火后记录制度

207. （　　）必须按有关规定进行健康检查和卫生知识培训并取得健康合格证和培训证。

A. 食堂炊事人员（包括合同工、临时工）

B. 食堂炊事人员（包括合同工、不包括临时工）

C. 食堂炊事人员（不包括合同工、临时工）

D. 食堂炊事人员（不包括合同工、包括临时工）

正确答案：A

208. 施工单位应当将施工现场的办公、生活区与作业区（　　），并保持安全距离。

A. 集中设置　　　　B. 混合设置　　　　C. 相邻设置　　　　D. 分开设置

正确答案：D

209. 根据《建设工程安全生产管理条例》规定，施工单位不得在尚未竣工的建筑物内设置（　　）。

A. 避雨处　　　　B. 吸烟处　　　　C. 临时厕所　　　　D. 员工集体宿舍

正确答案：D

210. 施工现场临时搭建的建筑物应当符合安全使用要求。根据《建设工程安全生产管理条例》规定，施工现场使用的装配式活动房屋应当具有（　　）。

A. 使用说明书　　　　B. 产品合格证　　　　C. 安装验收单　　　　D. 产品装箱单

正确答案：B

211. 施工单位应该保证施工现场道路畅通，排水系统处于良好的使用状态；保持场容场貌的整清，随时清理建筑垃圾。在车辆、行人通行的地方施工，应当设置沟井坎穴覆盖物和（　　）。

A. 安全标志　　　　B. 防护设施　　　　C. 施工标志　　　　D. 指向标志

正确答案：C

212. 下列哪种灭火设施不适用于扑灭电器火灾（　　）。

A. 水　　　　B. 干粉剂灭火剂　　　　C. 砂子　　　　D. 石屑

正确答案：A

213. 《建筑施工安全检查标准》JGJ 59—2011 文明施工检查表中封闭管理栏目要求在门头必须设置（　　）。

A. 企业标志　　　　B. 企业名称　　　　C. 安全标志　　　　D. 项目名称

正确答案：A

214. 《建筑施工安全检查标准》JGJ 59—2011 文明施工检查表中封闭管理栏目规定应设置（　　）。

A. 保卫　　　　B. 保安　　　　C. 门口　　　　D. 路障

正确答案：C

215. 《建筑施工安全检查标准》JGJ 59—2011 文明施工检查表中规定易燃易爆物品应（　　）。

A. 远离施工现场　　　B. 分类存放　　　C. 远离食堂　　　D. 远离居民区

正确答案：B

216.《建筑施工安全检查标准》JGJ 59—2011 文明施工检查表中规定宿舍夏季有应有（　　）和防蚊虫叮咬措施。

A. 消暑　　　　　B. 保暖　　　　　C. 防风　　　　　D. 防雨

正确答案：A

217. 下列哪种措施是处理气瓶受热或着火时应首先采用的（　　）。

A. 设法把气瓶拉出扔掉　　　　　B. 用水喷洒该气瓶

C. 接近气瓶，试图把瓶上的气门关掉　　　D. 全体人员立即撤离

正确答案：B

218. 建设工程项目应当配备专职安全生产管理人员，其中 1 万 m² 及以上的建筑工程，装饰工程至少应配备（　　）专职安全生产管理人员。

A. 1 名　　　　　B. 2 名　　　　　C. 3 名　　　　　D. 4 名

正确答案：A

219. 建设工程项目应当配备专职安全生产管理人员，其中 1 万～5 万 m² 的建筑工程，装饰工程至少应配备（　　）专职安全生产管理人员。

A. 1 名　　　　　B. 2 名　　　　　C. 3 名　　　　　D. 4 名

正确答案：B

220. 建设工程项目应当配备专职安全生产管理人员，其中 5 万 m² 上的建筑工程，装饰工程至少应配备（　　）专职安全生产管理人员。

A. 1 名　　　　　B. 2 名　　　　　C. 3 名　　　　　D. 4 名

正确答案：C

221. 劳务分包企业建设工程项目施工人员 50 人以下的，应当设置（　　）专职安全生产管理人员。

A. 1 名　　　　　B. 2 名　　　　　C. 3 名　　　　　D. 4 名

正确答案：A

222. 劳务分包企业建设工程项目施工人员 50～200 人的应设（　　）专职安全生产管理人员。

A. 1 名　　　　　B. 2 名　　　　　C. 3 名　　　　　D. 4 名

正确答案：B

223. 建筑施工企业应当组织不少于（　　）专家组成的专家组，对已经编制的安全专项施工方案进行论证审查。

A. 3 名　　　　　B. 4 名　　　　　C. 5 名　　　　　D. 7 名

正确答案：C

224. 某施工企业，其安全生产条件单项得分分别为：90 分、85 分、68 分和 88 分，且分项评分表中无实得分为 0 分的子项，试确定该企业安全生产条件单项评价等级（　　）。

A. 优良　　　　　B. 合格　　　　　C. 基本合格　　　　　D. 不合格

225. 建筑施工总承包企业中工程公司（含分公司、区域公司）按企业资质类别和等级配备安全生产管理机构内的专职安全生产管理人员人数至少应为（　　）名。

A. 2　　　　　　B. 3　　　　　　C. 4　　　　　　D. 5

正确答案：B

226. 建筑施工总承包企业中专业公司按企业资质类别和等级配备安全生产管理机构的专职安全生产管理人员人数至少应为（　　）名。

A. 2　　　　　　B. 3　　　　　　C. 4　　　　　　D. 5

正确答案：A

227. 建筑施工总承包企业中劳务公司按企业资质类别和等级配备安全生产管理机构的专职安全生产管理人员人数至少应为（　　）名。

A. 2　　　　　　B. 3　　　　　　C. 4　　　　　　D. 5

正确答案：A

228. 土木工程、线路管道、设备必须按照安装总造价配备专职安全管理人员，其中 5000 万元以下的工程至少（　　）。

A. 1 名　　　　　B. 2 名　　　　　C. 3 名　　　　　D. 4 名

正确答案：A

229. 土木工程、线路管道、设备必须按照安装总造价配备专职安全管理人员，其中 5000 万～1 亿元的工程至少（　　）。

A. 1 名　　　　　B. 2 名　　　　　C. 3 名　　　　　D. 4 名

正确答案：B

230. 土木工程、线路管道、设备必须按照安装总造价配备专职安全管理人员，其中 1 亿元以上的工程至少（　　）。

A. 1 名　　　　　B. 2 名　　　　　C. 3 名　　　　　D. 4 名

正确答案：C

231. 劳务分包企业建设工程项目施工人员 200 人以上的，应当根据所承担的分部分项工程施工危险实际情况增配，并不少于企业总人数的（　　）‰。

A. 5　　　　　　B. 10　　　　　　C. 15　　　　　　D. 20

正确答案：A

232. 项目独立承包的工程在签订承包合同中必须有安全生产工作的（　　）。

A. 具体指标和要求　　　　　　　　B. 指导方针

C. 奖惩措施　　　　　　　　　　　D. 规划方案

正确答案：A

233. 关于暂扣安全生产许可证处罚，下列说法正确的是（　　）。

A. 发生一般事故的，暂扣安全生产许可证 30 日

B. 发生一般事故的，暂扣安全生产许可证 60 日

C. 发生较大事故的，暂扣安全生产许可证 90 日

D. 在 12 个月内第二次发生生产安全事故的，若第二次发生一般事故，暂扣时限为

在上一次暂扣时限的基础上再增加 30 日

正确答案：D

234. 建筑施工企业安全生产许可证被吊销后，自吊销决定作出之日起（　　）内不得重新申请安全生产许可证。

A. 一年　　　　　　B. 半年　　　　　　C. 3 个月　　　　　　D. 1 个月

正确答案：A

235. 对于安全生产工作成效显著、连续（　　）及以上未被暂扣安全生产许可证的企业，在评选各级各类安全生产先进集体和个人、文明工地、优质工程等时可以优先考虑，并可根据本地实际情况在监督管理时采取有关优惠政策措施。

A. 一年　　　　　　B. 二年　　　　　　C. 三年　　　　　　D. 五年

正确答案：C

236. 建筑起事机械使用单位和安装单位应当在签订的建筑起重机械安装、拆卸合同中明确双方的安全生产责任。实行施工总承包的，施工总承包单位应当与安装单位签订建筑起重机械安装、拆卸工程（　　）。

A. 安全协议书　　　　　　　　　　B. 安装、拆卸合同

C. 安全保证书　　　　　　　　　　D. 事故后果责任书

正确答案：A

237. 依法发包给两个及两个以上施工单位的工程，不同施工单位在同一施工现场使用多台塔式起重机作业时，（　　）应当协调组织制定防止塔式起重机相互碰撞的安全措施。

A. 总承包单位　　B. 建设单位　　C. 监理单位　　D. 管理部门

正确答案：B

238. 下列对于总承包单位安全责任说法正确的是（　　）。

A. 实行施工总承包的建筑工程施工现场安全由总承包单位负责，但在合同中有约定的除外

B. 施工总承包单位可以将主体结构施工进行分包

C. 施工总承包单位应与分包单位签订安全生产协议，总承包单位与分包单位对安全生产承担连带责任

D. 施工总承包单位可以让分包单位自行编制本单位安全生产事故应急救援预案

正确答案：C

239. 根据《建筑法》第四十五条规定："施工现场安全由建筑施工企业负责。实行施工总承包的，由（　　）负责。"

A. 总承包单位　　B. 施工单位　　C. 业主单位　　D. 管理单位

正确答案：A

240.《建筑工程安全生产管理条例》第二十四条规定："建设工程实行施工总承包的，由总承包单位对施工现场的安全生产负（　　）。"

A. 次责　　　　　　B. 总责　　　　　　C. 连带责任　　　　　　D. 一般责任

正确答案：B

241.《建筑工程安全生产管理条例》第二十四条规定："总承包单位应当自行完成建设工程（　　）的施工。"

A. 附属结构　　　　B. 室外工程　　　　C. 主体结构　　　　D. 消防工程

正确答案：C

242. 建设工程实行施工总承包的，如分包工程发生安全生产事故，由（　　）负责上报事故。

A. 分包单位　　　　B. 监理单位　　　　C. 业主单位　　　　D. 总承包单位

正确答案：D

243. 某在建工地施工现场劳务分包单位共计 200 人，该劳务单位应当配备的安全管理人员不少于（　　）人。

A. 1　　　　　　　　B. 2　　　　　　　　C. 3　　　　　　　　D. 4

正确答案：C

244. 建设工程施工总承包的安全生产领导小组应由总承包企业专业承包企业和劳务分包企业（　　）组成。

A. 技术负责人、监理单位总监理工程师和业主单位项目负责人

B. 项目经理、技术人员和监理单位监理工程师

C. 项目经理、技术负责人和监理单位监理工程师

D. 项目经理、技术负责人和专职安全管理人员

正确答案：D

245. 建筑工程、装修工程按照建筑面积，总承包单位配备专职安全管理人员配备：1 万～5 万 m² 的工程不少于（　　）人。

A. 1　　　　　　　　B. 2　　　　　　　　C. 3　　　　　　　　D. 4

正确答案：B

246. 土木工程、线路管道、设备安装工程按照工程合同价，总承包单位配备专职安全管理人员：1 亿元及以上的工程不少于（　　）人，且按专业配备专职安全生产管理人员。

A. 1　　　　　　　　B. 2　　　　　　　　C. 3　　　　　　　　D. 4

正确答案：C

247. 住房城乡建设部办公厅《关于实施〈危险性较大的分部分项工程安全管理规定〉有关问题的通知》（建办质［2018］31 号）要求，危大工程专项施工方案编制内容包括（　　）章节内容。

A. 7　　　　　　　　B. 8　　　　　　　　C. 9　　　　　　　　D. 10

正确答案：C

248. 对存在重大危险源的分部分项工程，专项施工方案应当由（　　）审核签字、加盖单位公章，并由（　　）后方可实施。

A. 施工单位技术负责人，总监理工程师审查签字、加盖执业印章

B. 施工单位技术人员，监理单位监理工程师签字

C. 施工单位技术负责人，监理单位监理工程师签字

D. 施工单位技术负责人，建设单位管理人员

正确答案：A

249. 建筑施工安全检查评分汇总表中不包括（　　）。

A. 安全管理　　　　B. 绿色施工　　　　C. 脚手架　　　　D. 基坑工程

正确答案：B

250. 某工程因特殊原因停工一周，开工后应进行的检查属于（　　）。

A. 日常巡检　　　　　　　　　　B. 专项检查

C. 节假日安全检查　　　　　　　D. 复工安全检查

正确答案：D

251. 下列施工活动可以不进行安全验收的是（　　）。

A. 施工现场围挡　　　　　　　　B. 施工现场装配式活动板房

C. 安全防护棚搭设　　　　　　　D. 场地临时道路的平整

正确答案：D

252. 某房屋建筑工程造价为 1.2 亿元，则下列数额符合该建筑施工安全费用提取标准的是（　　）。

A. 200 万　　　　B. 180 万　　　　C. 240 万　　　　D. 280 万

正确答案：C

253. 下列生产经营活动产生的费用不能从安全生产费用中提取的是（　　）。

A. 脚手架钢管、扣件的租赁、采购　　B. 钢筋加工机械的采购

C. 施工现场道路硬化　　　　　　　　D. 安全教育培训

正确答案：B

254. 潮湿和易触电及带电体场所照明，电源电压不得高于（　　）。

A. 12V　　　　B. 24V　　　　C. 36V　　　　D. 48V

正确答案：B

255. 工程项目部在施工现场应设置标准养护室温度应控制的范围为（　　）。

A. 15～20℃　　　B. 18～22℃　　　C. 20～24℃　　　D. 15～22℃

正确答案：B

256. 下列动火作业属于三级动火的是（　　）。

A. 油罐、油箱、油槽车周边动火作业　　B. 危险性较大的登高焊、割作业

C. 登高焊、割等用火作业　　　　　　　D. 钢筋场地的焊接作业

正确答案：D

257. 下列说法正确的是（　　）。

A. 施工现场钢筋工动火作业前应开具动火证

B. 在使用氧气、乙炔进行焊接作业时，氧气、乙炔瓶应保持 10m 以上，距离动火作业点应保证 5m 以上

C. 动火作业前可以不清理易燃物品，待动火作业完成后再清理

D. 危险物品之间的堆放距离不得小于 15m，危险物品与易燃易爆品的堆放距离不得小于 50m

二、多选题（本题型每题有 5 个备选答案，其中至少有 2 个答案是正确的。多选、少选、错选均不得分）

1. 关于施工单位职工安全生产培训下列说法正确的是（　　）。

A. 施工单位自主决定培训

B. 培训制度无硬性规定

C. 施工单位应当加强对职工的教育培训

D. 施工单位应当建立、健全教育培训制度

E. 未经教育培训或者考核不合格的人员，不得上岗作业

正确答案：CDE

2. 安全生产费用应当按照《高危行业企业安全生产费用财务管理暂行办法》（财企〔2006〕478 号）规定，确定范围内。以下属于安全生产措施费用适用范围的是（　　）。

A. 完善、改造和维护安全防护、检测、探测设备、设施支出

B. 配备必要的应急救援器材、设备和现场作业人员安全防护物品支出

C. 安全生产检查与评价支出；安全技能培训及进行应急救援演练支出

D. 重大危险源、重大事故隐患的评估、整改、监控支出

E. 安全生产管理人员工资

正确答案：ABCD

3. 安全管理的基本原理包括以下哪几个基本要素（　　）。

A. 政策　　　　　　B. 组织　　　　　　C. 评审

D. 调查　　　　　　E. 业绩测量

正确答案：ABE

4. 安全生产的目的包括（　　）。

A. 防止和减少生产安全事故　　　　B. 保障人民群众生命和财产安全

C. 促进经济发展　　　　　　　　　D. 减少项目成本

E. 加快项目进度

正确答案：ABC

5. 安全组织管理措施包括（　　）。

A. 企业或者项目内部的控制方法

B. 保证个人、安全员和班组顺利合作的方式

C. 企业或者项目内部交流的方式

D. 员工能力的培养

E. 制定安全管理计划

正确答案：ABCD

6. 成功的安全管理有三个方面的重要功能（　　）。

A. 建立并完善企业的安全管理政策和组织结构，包括制订主要的安全目标以及评

价管理成效

B. 计划、量测、总结和评审安全工作，以满足法律要求并且最大限度地降低各种风险

C. 制定安全技术标准

D. 保证计划的有效实施并且报告安全业绩

E. 促进企业内员工的交流

正确答案：ABD

7. 员工参与的安全管理工作包括（　　）。

A. 使用危险报告书　　　　　　　　　B. 收集职工建议

C. 使用安全反馈程序　　　　　　　　D. 计划、量测、总结和评审安全工作

E. 建立并完善企业的安全管理政策和组织结构

正确答案：ABC

8. 施工单位成当建立健全（　　），制定安全生产规章制度和操作规程，保证本单位安全生产条件所需资金的投入，对所承担的建设工程进行定期和专项安全检查，并做好安全检查记录。

A. 安全生产教育培训制度　　　　　　B. 生产组织机构

C. 安全生产责任制度　　　　　　　　D. 质量检查制度

E. 质量技术交底

正确答案：AC

9. 施工单位应当根据不同（　　）的变化，在施工现场采取相应的安全施工措施。

A. 施工资金　　　　B. 周围环境　　　　C. 季节

D. 气候　　　　　　E. 作业人员调整

正确答案：BCD

10. 施工单位对因建设工程施工可能造成损害的（　　）等，应当采取专项防护措施。

A. 毗邻建筑物　　　　B. 生态环境　　　　C. 构筑物

D. 施工照明　　　　　E. 地下管线

正确答案：ACE

11. 根据《建设工程安全生产管理条例》规定，施工单位应当向作业人员提供安全防护用具和安全防护服装，并书面告知（　　）。

A. 操作规程　　　　　　　　　　　　B. 违章操作的危害

C. 使用方法　　　　　　　　　　　　D. 使用要领

E. 赔付数量

正确答案：AB

12. 施工单位对列入建设工程概算的安全作业环境及安全施工措施所需费用，应当用于（　　），不得挪作他用。

A. 施工安全防护用具及设施的采购和更新　　B. 安全施工措施的落实

C. 安全生产条件的改善　　　　　　　　　　D. 特殊作业人员津贴

E. 办公费用

正确答案：ABC

13. 下列（　　）情况应由有关部门按有关规定追究有关领导和直接责任者的责任，并给予必要的行政、经济处罚。

A. 对事故隐瞒不报、谎报　　　　　　B. 对事故故意迟延不报

C. 故意破坏事故现场　　　　　　　　D. 无正当理由拒绝接受调查

E. 拒绝提供有关情况和资料

正确答案：ABCD

14.《建设工程安全生产管理条例》规定，施工单位应当在安全生产方面做好如下几项工作（　　）。

A. 建立健全安全生产责任制度和安全生产教育培训制度

B. 制定安全生产规章制度和操作规程

C. 保证本单位安全生产条件所需资金的投入

D. 对所承担的建设工程进行定期和专项安全检查，并做好安全检查记录

E. 提高管理者素质

正确答案：ABCD

15. 事故报告包括的内容有（　　）。

A. 时间　　　　　　B. 事故单位　　　　　　C. 地点

D. 伤亡人数　　　　E. 赔偿数额

正确答案：ABCD

16. 安全生产管理制度主要包括（　　）。

A. 安全生产责任制度　　　　　　　　B. 安全生产资金保障制度

C. 安全生产教育培训制度　　　　　　D. 安全督查和处罚制度

E. 安全生产事故与报告与处理制度

正确答案：ABCE

17. 企业安全生产管理机构的主要职责是（　　）。

A. 落实国家有关安全生产法律、法规和标准

B. 编制并适时更新安全生产管理的制度

C. 组织开展全员安全教育培训

D. 开展安全检查活动

E. 确定企业安全生产资金投入，分析项目安全生产投入是否合理

正确答案：ABCD

18. 施工单位从事建设工程的新建、扩建、改建和拆除等活动，应当具备建设行政主管部门规定的（　　）条件，依法取得相应等级的资质证书，并在其资质等级许可的范围内承揽工程。

A. 施工单位人数　　B. 注册资本　　　　C. 专业技术人员

D. 技术装备　　　　E. 安全生产

正确答案：BCDE

19. 建设工程提供机械设备和配件的单位，应当按照安全施工的要求配备齐全有效的（　　）等安全设施和装置。

A. 零配件　　　　　　B. 保险　　　　　　　C. 限位

D. 节油装置　　　　　E. 制造工艺

正确答案：BC

20. 施工单位应当在施工组织设计中编制有关安全的（　　）。

A. 安全技术措施　　　　　　　　　B. 施工现场临时用电方案

C. 售楼方案　　　　　　　　　　　D. 施工经济技术措施

E. 作业材料选购方案

正确答案：AB

21. 施工单位应当将施工现场的（　　）分开设置，并保持安全距离。

A. 办公区　　　　　　B. 生活区　　　　　　C. 作业区

D. 道路区　　　　　　E. 消防区

正确答案：ABC

22. 职工的（　　）等，应当符合有关卫生标准。

A. 膳食　　　　　　　B. 配件库　　　　　　C. 饮水

D. 休息场所　　　　　E. 危险品库

正确答案：ACD

23. 施工单位应当在施工现场建立消防安全责任制度，确定消防安全责任人，制定用火、用电、使用易燃易爆材料等各项消防安全管理制度、操作规程，（　　），并在施工现场入口处设置明显标志。

A. 设置消防通道　　　　　　　　　B. 配备消防水源

C. 配备消防设施　　　　　　　　　D. 配备灭火器材

E. 请消防队员驻防

正确答案：ABCD

24. 施工现场的（　　）必须由专人管理，定期进行检查、维修和保养，建立相应的资料档案并按照国家有关规定及时报废。

A. 全部建筑材料　　　　　　　　　B. 安全防护用具

C. 机械设备　　　　　　　　　　　D. 施工机具及配件

E. 半成品

正确答案：BCD

25. 施工单位在使用施工（　　）等自升式架设设施前，应当组织有关单位进行验收，也可以委托具有相应资质的检验检测机构进行验收。

A. 悬挑脚手架　　　　　　　　　　B. 起重机械

C. 整体提升脚手架　　　　　　　　D. 混凝土输送泵

E. 模板

正确答案：BCE

26. 使用承租的机械设备和施工机具及配件，由施工（　　）共同进行验收。

A. 主管部门　　　　B. 总承包单位　　　　C. 分包单位

D. 出租单位　　　　E. 安装单位

27. 作业人员进入（　　）前，应当接受安全生产教育培训。未经教育培训或者教育培训考核不合格的人员，不得上岗作业。

A. 岗位　　　　　　B. 更换的新岗位　　　C. 施工现场

D. 新的施工现场　　E. 作业区域

28. 施工单位的项目负责人应当由取得相应执业资格的人员担任，对建设工程项目的安全施工负责，落实安全生产责任制度、安全生产规章制度和操作规程，确保安全生产费用的有效使用，并根据工程的特点组织制定安全施工措施，消除安全事故隐患，（　　）报告生产安全伤亡事故。

A. 暂缓　　　　　　B. 及时　　　　　　　C. 如实

D. 分析　　　　　　E. 查清后

29. 专职安全生产管理人员负责对安全生产进行现场监督检查。对于（　　）的，应当立即制止。

A. 影响工程造价　　　　　　　　　B. 违章指挥

C. 违章操作　　　　　　　　　　　D. 不戴安全帽

E. 不参加安全培训的工人上岗工作

30. 安装、拆卸施工起重机械和整体提升脚手架、模板等自升式架设设施，应当（　　）。

A. 编制拆装方案　　　　　　　　　B. 停止其他工种人员作业

C. 企业负责人参加并监督　　　　　D. 制定安全施工措施

E. 由专业技术人员现场监督

31. 施工起重机械和整体提升脚手架、模板等自升式架设设施安装完毕后，（　　）。

A. 安装单位应当自检　　　　　　　B. 出具自检合格证明

C. 向施工单位进行安全使用说明　　D. 办理验收手续并签字

E. 由专业技术人员现场监督

32. 根据《建设工程安全生产管理条例》规定，建设工程施工前，施工单位负责项目管理的技术人员应当对有关安全施工的技术要求向施工（　　）作出详细说明，并由双方签字确认。

A. 施工队伍负责人　　　　　　　　B. 施工队伍安全员

C. 作业班组　　　　　　　　　　　D. 现场安全员

E. 作业人员

正确答案：CE

33. 施工单位应当遵守有关环境保护法律、法规的规定，在施工现场采取措施，防止或者减少（　　）、振动和施工照明对人和环境的危害和污染。

A. 粉尘　　　　　　B. 废气废水　　　　C. 建筑材料

D. 固体废物　　　　E. 噪声

正确答案：ABDE

34. 施工单位应当对（　　）达到一定规模的危险性较大的分部分项工程编制专项施工方案、并附具安全验算结果，经施工单位技术负责人、总监理工程师签字后实施，由专职安全生产管理人员进行现场监督。

A. 基坑支护与降水工程　　　　　　B. 钢筋绑扎工程

C. 模板工程　　　　　　　　　　　D. 起重吊装工程

E. 混凝土浇筑工程

正确答案：ACD

35. 班前活动的安全交底主要内容是（　　）。

A. 当天的作业环境　　　　　　　　B. 气候情况

C. 工酬　　　　　　　　　　　　　D. 各个环节的操作安全要求

E. 与特殊工种的配合

正确答案：ABDE

36. 项目负责人应根据（　　）的要求，采取可靠的技术措施，消除安全隐患，保证施工安全。

A. 工程特点　　　B. 施工方法　　　C. 施工程序

D. 安全法规和标准　　E. 情况不明

正确答案：ABCD

37. 项目负责人应根据施工中（　　），进行相应的安全控制。

A. 人的不安全行为　　　　　　　　B. 物的不安全状态

C. 安全费用　　　　　　　　　　　D. 管理缺陷

E. 作业环境的不安全因索

正确答案：ABDE

38. 建筑施工企业应当为施工现场（　　）的人员，在施工活动过程中发生的人身意外伤亡事故提供保障，办理建筑意外伤害保险、支付保险费。

A. 建设单位　　　　B. 监理　　　　　　C. 全部

D. 施工作业　　　　E. 管理

正确答案：DE

39. 施工现场坑、井、沟和各种（　　）周围，都要指定专人设置围栏或盖板和安全标志，夜间要设红灯示警；各种防护设施、警告标志，未经施工负责人批准不得移动和拆除。

A. 混凝土搅拌站　　B. 孔洞　　　　　　C. 易燃易爆场所

D. 变压器   E. 钢筋切断机

正确答案：BCD

40. 下列属于国标安全色（   ）种颜色。

A. 红   B. 黄   C. 绿

D. 紫   E. 蓝

正确答案：ABCE

41. 安全技术交底必须（   ）。

A. 具体   B. 明确   C. 针对性强

D. 含混   E. 不需要具体

正确答案：ABC

42. 职工有下列情形之一的，视同工伤而不是认定为工伤的（   ）。

A. 在工作时间和工作场所内，因工作原因受到事故伤害的

B. 工作时间前后在工作场所内，从事与工作有关的预备性或者收尾性工作受到事故伤害的

C. 在工作时间和工作岗位，突发疾病死亡或者在 48 小时之内经抢救无效死亡的

D. 在抢险救灾等维护国家利益、公共利益活动中受到伤害的

E. 职工原在军队服役，因战、因公负伤致残，已取得革命伤残军人证，到用人单位后旧伤复发的

正确答案 CDE

43. 工伤职工有下列情形（   ），停止享受工伤保险待遇。

A. 丧失享受待遇条件的   B. 拒不接受劳动能力鉴定的

C. 拒绝治疗的   D. 被判刑正在收监执行的

E. 事故鉴定错误的

正确答案：ABCD

44. 事故的分析处理要遵守"四不放过原则"是（   ）。

A. 事故原因没有查清不放过   B. 事故责任者没有严肃处理不放过

C. 生命和财产损失不公示不放过   D. 广大职工没有受到教育不放过

E. 防范措施没有落实不放过

正确答案：ABDE

45. 在施工现场发生气体中毒事故的部位主要是（   ）。

A. 人工挖孔桩挖掘孔井时，孔内常有一氧化碳、硫化氰等毒气溢出。特别是在旧河床，有腐殖土等地层挖孔，更容易散发出有毒气体，稍一疏忽会造成作业人员中毒

B. 在地下室、水池、化粪池等部位作业时，作业人员也要注意有害气体的伤害

C. 夏天中午暴晒时作业

D. 冬期施工中常在混凝土或砂浆里掺放添加剂，常用的是亚硝酸钠，它属于剧毒品

E. 施工队伍宿舍需要取暖时，常在宿舍内生煤火，或用焦炭作燃料取暖，容易产生一氧化碳

46. 建筑施工企业主要负责人，是指对本企业日常生产经营活动和安全生产工作全面负责、有生产经营决策权的人员，包括（   ）等。

A. 企业法定代表人　　　　　　　　B. 经理

C. 企业分管安全生产工作的副经理　　D. 安全员

E. 项目负责人

正确答案：ABC

47. 建筑施工企业专职安全生产管理人员，是指在企业专职从事安全生产管理工作的人员，包括（   ）。

A. 企业法定代表人

B. 企业分管安全生产工作的副经理

C. 经理

D. 企业安全生产管理机构的负责人及其工作人员

E. 施工现场专职安全生产管理人员

正确答案：DE

48. 施工单位应当在（   ）、爆破物及有害危险气体和液体存放处等危险部位设置明显的安全警示标志。

A. 施工围墙　　　　　　　　　　　B. 施工起重机械

C. 临时用电设施　　　　　　　　　D. 脚手架

E. 基坑边沿

正确答案：BCDE

49. 特种作业人员具备的条件有（   ）。

A. 年龄满 18 岁

B. 身体健康、无妨碍从事相应工种作业的疾病和生理缺陷

C. 初中以下文化程度，具备相应工种的安全技术知识

D. 符合相应工种作业特点需要的其他条件

E. 参加企业制定的安全技术理论和实际操作考核并成绩合格

正确答案：ABCD

50. 施工单位进行施工时，发现（   ）等，应当保护好现场并按规定及时报告有关部门。

A. 文物　　　　　　B. 古化石　　　　　　C. 爆炸物

D. 放射性污染源　　E. 不规则物体

正确答案：ABCD

51. 安全检查根据检查内容和检查形式可分为（   ）。

A. 日常安全检查　　　　　　　　　B. 定期安全检查

C. 专业性安全检查　　　　　　　　D. 季节性及节假日前后安全检查

E. 个人检查和集体复查

正确答案：ABCD

52. 高大模板工程是指（　　）。

A. 水平混凝土构件模板支撑系统高度超过 8m，或跨度超过 18m 的模板支撑系统

B. 施工总荷载大于 10kN/m² 的模板支撑系统

C. 集中线荷载大于 15kN/m 的模板支撑系统

D. 梁截面尺寸 300mm×500mm 的模板支撑系统

E. 梁截面尺寸 600mm×1200mm 的模板支撑系统

正确答案：ABCE

53. 深基坑工程是指（　　）。

A. 开挖深度超过 5m（含 5m）的基坑工程

B. 地下室三层以上（含三层）的基坑工程

C. 深度虽未超过 5m（含 5m），但地质条件和周围环境及地下管线极其复杂的工程

D. 地下水位较高的基坑工程

E. 两层地下室的工程

正确答案：ABC

54. 建筑材料、设备器材、现场制品、半成品、成品、构配件等严格按照现场平面布置图指定位置堆放并挂上标牌，注明（　　）。

A. 尺寸　　　　　　B. 名称　　　　　　C. 品种

D. 规格　　　　　　E. 颜色

正确答案：BCD

55. （　　）等每 25m² 配备一只种类合适的灭火机，油库危险品仓库应配备足够数量、种类合适的灭火机。

A. 临时木工间　　　B. 油漆间　　　　　C. 木、机具间

D. 钢筋加工间　　　E. 设备间

正确答案：ABC

56. 施工单位应当在施工现场建立消防安全责任制度，确定消防安全责任人，制定动火、用电、使用易燃易爆材料等各项消防安全管理制度和操作规程，（　　）。

A. 设置消防通道　　　　　　　　B. 设置消防水源

C. 每周进行一次防火演练　　　　D. 在施工现场入口处设置明显标志

E. 配备消防设施和灭火器材

正确答案：ABDE

57. 施工现场坑、井、沟和（　　）周围，夜间要设红灯示警。

A. 混凝土搅拌站　　B. 孔洞　　　　　　C. 易燃易爆场所

D. 变压器　　　　　E. 钢筋切断机

正确答案：BCD

58. 施工现场的围挡要做到（　　）。

A. 稳定　　　　　　B. 整洁　　　　　　C. 美观

D. 坚固　　　　　　E. 透空绿化

正确答案：ABCD

59. 建设工程施工现场场容场貌方面主要包括（　　　）。

A. 道路通畅　　　　　　　　　　　B. 排水沟、排水设施通畅

C. 工地地面硬化处理　　　　　　　D. 绿化

E. 材料堆放

正确答案：ABCD

60.《建筑施工安全检查标准》JGJ 59 文明施工检查表规定料堆应挂标牌标明材料
的（　　　）。

A. 名称　　　　　　B. 品种　　　　　　C. 大小

D. 规格　　　　　　E. 产地

正确答案：ABD

61.《建筑施工安全检查标准》JGJ 59 文明施工检查表规定现场设置（　　　）等宣
传教育场所。

A. 宣传栏　　　　　B. 读报栏　　　　　C. 黑板报

D. 游戏栏　　　　　E. 企业自编的报纸

正确答案：ABC

62. 项目的主要工种应有相应的安全技术操作规程，一般包括（　　　）工种。

A. 砌筑、拌灰、混凝土　　　　　　B. 钢筋、机械、电气焊、起重司索

C. 信号指挥、塔司、架子　　　　　D. 木作、水暖、油漆

E. 特种作业应另行补充

正确答案：ABCDE

63. 下列属于建筑企业负责人的安全教育培训内容的是（　　　）。

A. 国家有关安全生产方针、政策、法律和法规及有关行业的规章、规范和标准

B. 典型事故案例分析

C. 重、特大事故防范、应急救援措施及调查处理方法，重大危险源管理与应急救
援预案编制原则

D. 建筑施工企业安全生产管理的基本知识、方法与安全生产技术，有关行业安全
生产管理专业知识

E. 企业安全生产责任制和安全生产规章制度的内容、制定和方法；国内外先进的
安全生产管理经验

正确答案：ABCDE

64. 建筑施工企业应当加强对本企业和承建工程安全生产条件的日常动态检查，发
现不符合法定安全生产条件的，应当（　　　）。

A. 立即进行整改　　　　　　　　　B. 做好自查和整改记录

C. 停止施工　　　　　　　　　　　D. 向监理单位报告

E. 在项目竣工后系统整改

正确答案：AB

65. 出租单位出租的建筑起重机械和使用单位购置、租赁、使用的建筑起重机械应
当具有（　　　）。

A. 特种设备制造许可证   B. 产品合格证

C. 制造监督检验证明   D. 监理单位证明

E. 使用记录

正确答案：ABC

66. 建筑起重机械有下列（   ）情形之一的，出租单位或者自购建筑起重机械的使用单位应当予以报废，并同原备案机关办理注销手续。

A. 属国家明令淘汰或者禁止使用的

B. 超过安全技术标准或者制造厂家规定的使用年限的

C. 经检验达不到安全技术标准规定的

D. 没有完整安全技术档案的

E. 没有齐全有效的安全保护装置的

正确答案：ABC

67. 建筑起重机械安装、拆卸工程档案应当包括以下资料（   ）。

A. 安装、拆卸合同及安全协议书

B. 安装、拆卸工程生产安全事故应急救援预案

C. 安全施工技术交底的有关资料

D. 安装工程验收资料

E. 安装、拆卸工程专项施工方案

正确答案：ABCDE

68. 下列说法正确的是（   ）。

A. 施工现场安全由建筑施工企业负责。实行施工总承包的，由总承包单位负责

B. 作为施工生产的主体，施工总承包单位是安全生产管理中最重要的责任主体

C. 《建设工程安全生产管理条例》第二十四条规定："总承包单位应当让分包单位完成建设工程主体结构的施工"

D. 总承包单位依法将建设工程分包给其他单位的，总承包单位和分包单位对整个工程的安全生产承担连带责任

E. 总承包单位应当与分包单位签订安全生产管理协议，明确各自在安全生产管理职责和应当采取的安全措施，并执行专职安全管理人员进行检查和协调

正确答案：ABE

69. 总承包单位应当承担《中华人民共和国安全生产法》对生产经营单位安全生产责任的要求，具体包括以下哪些内容（   ）。

A. 组织机构和人员   B. 安全生产的基础

C. 安全生产的管理   D. 交叉作业的安全管理

E. 作业现场的安全检查

正确答案：ABCDE

70. 下列不属于建筑施工企业安全生产管理机构职责的是（   ）。

A. 宣传和贯彻国家有关安全生产法律法规和标准

B. 编制并适时更新安全生产管理制度并监督实施

C. 协调配备项目专职安全生产管理人员

D. 保证项目安全生产费用的有效使用

E. 建立企业在建项目安全生产管理档案

正确答案：ABCE

71. 下列哪些属于施工企业在建工程项目部安全生产领导小组的主要职责（　　）。

A. 贯彻落实国家有关安全生产法律法规和标准

B. 保证项目安全生产费用的有效使用

C. 组织编制危险性较大工程安全专项施工方案

D. 组织实施项目安全检查和隐患排查

E. 组织开展安全生产评优评先表彰工作

正确答案：ABCD

三、案例题（根据背景提 4 个问题，每个问题有 4 个备选答案或有两个判断是否正确的答案，其中只有 1 个答案是正确的）

1. 某建设工程已委托某施工单位作为总承包单位。该施工单位提出由另一家施工单位作为分包，承担主体施工。所有安全责任由分包单位负责，如果有了事故也由分包单位上报，并已签订了分包合同。

判断题：

（1）主体工程可以由分包单位自主承担。（　　）

A. 正确　　　　　　　　B. 错误

正确答案：B

（2）国家有规定，总包单位对工程建设项目施工的安全生产负总责。（　　）

A. 正确　　　　　　　　B. 错误

正确答案：A

（3）此事故应由分包单位上报。（　　）

A. 正确　　　　　　　　B. 错误

正确答案：B

（4）国家有规定，事故统一由建设单位上报。（　　）

A. 正确　　　　　　　　B. 错误

正确答案：B

2. 某小区十号楼地下室有一电气设备，该设备一次电源线长度为 10.5m；接头处没有用橡皮包布包扎，绝缘处磨损，电源线裸露；安装该设备的漏电开关内的拉杆脱落，漏电开关失灵。某工程公司在该地下室施工中，付某等 3 名抹灰工将该电气设备移至新操作点，移动过程中付某触电死亡。

判断题：

（1）本事故的主要原因之一是违章操作，移动电器设备未切断电源。（　　）

A. 正确　　　　　　　　B. 错误

正确答案：A

（2）特种作业人员必须按国家有关规定经过专门的安全作业培训，并取得特种作业操作资格证书后，方可上岗操作。（　　）

A. 正确　　　　　　B. 错误

正确答案：A

单选题：

（3）下列属于特种作业人员的是（　　）。

A. 电工　　　　　　B. 木工　　　　　　C. 水暖工　　　　D. 瓦工

正确答案：A

（4）下列关于特种作业的说法正确的是（　　）。

A. 特种作业人员未经培训考核即从事特种作业并造成重大安全事故，不得追究其刑事责任

B. 对特种作业人员专门的安全作业培训，是指由有关主管部门组织的专门针对特种作业人员的培训

C. 特种作业是指容易发生人员伤亡事故，对操作者本人、他人及周围设施的安全有重大危害的作业

D. 特种作业人员可不考核从事相应工种作业的疾病和生理缺陷情况

正确答案：C

3. 某工程公司在一大厦广场基础工程进行护坡桩锚杆作业。当天工地主要负责人、安全员、电工等有关人员不在现场。下锚杆筋笼时，班组长因故请假也不在现场，13名民工在无人指挥的情况下自行作业，因钢筋笼将配电箱引出的380V电缆线磨破，使钢筋笼带电，造成5人触电死亡。

判断题：

（1）这起事故中造成触电伤害原因之一是民工违章作业。（　　）

A. 正确　　　　　　B. 错误

正确答案：A

（2）这起事故中，操作人员没有违规操作的行为。（　　）

A. 正确　　　　　　B. 错误

正确答案：B

单选题：

（3）这起事故直接原因是（　　）。

A. 由13名民工进行作业，人员过多　　　　B. 工地主要负责人不在现场

C. 班组长请假　　　　　　　　　　　　　D. 380V电缆线磨破漏电

正确答案：D

（4）下列对于三类人员的安全管理职责的说法正确的是（　　）。

A. 施工单位主要负责人对工程项目的安全生产工作不需负责任

B. 施工单位的项目负责人对本企业的安全负全部责任

C. 现场安全生产管理人员负责对安全生产进行现场监督检查

D. 专职安全生产管理人员对违章指挥、违章操作的，应当立即报告，并可以越级

169

上报，但无权制止施工单位的行为

正确答案：C

4. 某工地，焊接一膨胀水箱。焊工在完成了 4/5 的工作量下班后，工地负责人又安排了油漆工将焊好的部分刷上防锈漆。因场地通风不良，到第二天油漆未干，焊工上班后，未采取相应措施继续施焊，造成水箱内油漆挥发气体爆炸燃烧，焊工被烧灼伤。

判断题：

（1）从上述案例中应吸取的主要教训是：工地负责人应严格按焊接要求组织生产，合理安排工序，进行有针对性的安全技术交底，不能强令工人冒险作业。（　　）

A. 正确　　　　　B. 错误

正确答案：A

（2）施工现场动火前、动火过程中要严格进行环境安全检查。（　　）

A. 正确　　　　　B. 错误

正确答案：A

（3）施工现场油漆作业与焊接作业可同时进行。（　　）

A. 正确　　　　　B. 错误

正确答案：B

单选题：

（4）下列施工现场消防器材的配备说法正确的是（　　）。

A. 临时搭设的建筑物区域内，每 100m² 配备 5 只 10L 灭火器

B. 大型临时设施总面积超过 50000m²，应备有专供消防用的太平桶、积水桶（池）、黄砂池等设施，上述设施周围不得堆放物品

C. 临时木工间、油漆间和木、机具间等每 25m² 配备一只种类合适的灭火器

D. 30m 高度以上高层建筑施工现场，应设置具有足够扬程的高压水泵或其他防火设备和设施

正确答案：C

5. 某建筑公司在月度安全检查中，发现 3 号工地脚手架搭设存在如下问题：①超过 24m 高的脚手架没有搭设方案，无审批手续；②采用的分段整体提升脚手架未经审查批准；③部分使用的脚手架材料规格不一；④搭设架子的基础多处出现不平整，个别立杆悬空等。

判断题：

（1）为避免施工中引发脚手架坍塌事故伤害作业人员，脚手架立即停止使用。（　　）

A. 正确　　　　　B. 错误

正确答案：A

（2）上述安全检查中发现的"超过 24m 高的脚手架没有搭设方案，无审批手续"不影响脚手架的正常使用和施工，不属于违规行为。（　　）

A. 正确　　　　　B. 错误

正确答案：B

（3）上述安全检查中发现的"个别立杆悬空问题"属于正常现象，在搭设脚手架时是不可避免的。（　　）

A. 正确　　　　　　　　B. 错误

正确答案：B

单选题：

（4）依据《建设工程安全生产管理条例》规定，施工单位应当在施工组织设计中编制安全技术措施和施工现场临时用电方案，对达到一定规模的危险性较大的（　　）等分部分项工程编制专项施工方案，并附具安全验算结果，经施工单位技术负责人、总监理工程师签字后实施。

A. 混凝土工程　　　　B. 脚手架工程　　　　C. 抹灰工程　　　　D. 钢筋绑扎工程

正确答案：B

6. 某公司在一工地用吊篮进行外装修作业时，施工员指派一名抹灰工升吊篮，由于吊篮未挂保险钢丝绳，在上升时突然一个倒链急剧下滑，吊篮随即倾斜，由于一作业人员未系安全带，从吊篮坠落死亡。

判断题：

（1）造成这一事故的主要原因之一，是作业时吊篮未挂保险钢丝绳和工人未系安全带（　　）。

A. 正确　　　　　　　　B. 错误

正确答案：A

（2）高处作业吊篮必须设置保险锁。（　　）

A. 正确　　　　　　　　B. 错误

正确答案：A

（3）作业时工人将安全带挂在吊篮升降用的钢丝绳上。（　　）

A. 正确　　　　　　　　B. 错误

正确答案：B

选择题：

（4）下列关于施工员布置这项工作的说法正确的是（　　）。

A. 事故责任在于设备，与施工员无关

B. 可以安排未经培训的抹灰工操作吊篮的升降

C. 施工现场的工作布置由施工员安排，没有违章指挥

D. 抹灰工对于施工员的违章指挥可以拒绝接受

正确答案：D

7. 某单位将新招来的一批民工直接派到工地参加人工挖孔桩施工。其中一人挖土深度达到5m时，闻到异样气味，感觉头晕腿软，奋力呼叫地面同伴，由于没有系安全绳，地上的人费尽周折才把下面的人救上来，险些酿成伤亡事故。

判断题：

（1）此事件的违规之处在于，孔下作业人员未系安全绳（　　）。

A. 正确　　　　　　　　B. 错误

（2）由于没有造成伤亡事故，所以可以认为没有违规（　　　）。

A. 正确　　　　　　　B. 错误

（3）上述事件中，如果没有劳动合同，则即使发生了事故，也不属于施工单位的事故，可不予以上报。（　　）

A. 正确　　　　　　　B. 错误

单选题：

（4）下列关于新工人上岗培训的要求正确的是（　　　）。

A. 新工人必须进行公司、班组和作业技术的三级安全教育

B. 新工人上岗前必须接受规定课时的安全生产教育培训

C. 对于不从事危险作业的新工人不必进行安全教育和技术培训

D. 从事特种作业的新工人可以直接进行特种作业人员培训，不需要再进行三级安全教育

8. 某工地按施工进度要求正在搭设扣件脚手架，安全员巡视检查发现新购进的扣件表面粗糙，商标模糊，向架子工询问，工人说有的扣件螺栓滑丝，有的扣件一拧，小盖口就裂了。安全员对此批扣件质量发生怀疑。

判断题：

（1）对于上述情况，安全员不必作相应处理。（　　　）

A. 正确　　　　　　　B. 错误

（2）国家对扣件式钢管脚手架使用的扣件实行生产许可证制度。（　　）

A. 正确　　　　　　　B. 错误

单选题：

（3）为防止安全事故的发生，安全员处理此事的下列方法正确的是（　　　）。

A. 扣件检验不合格，将所有扣件清除出现场，追回已使用的扣件，并向有关负责人报告追查不合格产品的来源

B. 告诉工人将坏掉的扣件保留，以便万一发生事故时留作证据

C. 把有问题扣件扔掉，好的继续使用

D. 保存此批扣件，用于上部脚手架的搭设

（4）下列关于脚手架工程的规定正确的是（　　　）。

A. 常规的脚手架工程，可以不编制专项施工方案，做好验收即可

B. 对脚手架工程所使用的钢管、扣件应检查验收其质量，脚手板、安全网可以不必验收

C. 脚手架工程必须编制专项施工方案，并严格按照经审批的方案搭设

D. 从事特种作业的架子工因持有特种作业操作证，不必进行入场安全教育

正确答案：C

9. 某小区十号楼地下室有一电气设备，该设备一次电源线使用二芯绕线，缆线长度为 10.5m；接头处没有用橡皮包布包扎，绝缘处磨损，电源线裸露；安装在该设备上的漏电开关内的拉杆脱落，漏电开关失灵。某工程公司在该地下室施工中，付某等 3 名抹灰工将该电气设备移至新操作点，移动过程中付某触电死亡。

判断题：

(1) 本事故的原因主要是违章操作，移动电器设备未切断电源；操作人员不是专业电工，不能移动电气设备；缺乏日常安全检查，未及时发现事故隐患；可能造成付某触电的漏电原因有电器设备漏电，接头处没有用橡皮包布包扎，绝缘处磨损，电源线裸露；漏电开关失灵等。（　　）

A. 正确　　　　　　　　B. 错误

正确答案：A

(2) 特种作业人员必须按照有关规定经过专门的安全作业培训，并取得特种作操作资格证书后，方可上岗作业。（　　）

A. 正确　　　　　　　　B. 错误

正确答案：A

单选题：

(3) 下列属于特种作业人员的是（　　）。

A. 电工　　　　　　B. 木工　　　　　　C. 水暖工　　　　　　D. 瓦工

正确答案：A

(4) 下列关于特种作业的说法正确的是（　　）

A. 对于特种作业人员未经培训考核即从事特种作业并造成重大安全事故，构成犯罪的，对直接责任人员、班组长、特种作业培训人员、项目管理人员和企业主要负责人等全部相关管理人员，依照刑法的有关规定追究刑事责任

B. 对特种作业人员专门的安全作业培训，是指由有关主管部门组织的专门针对特种作业人员的培训，也就是特种作业人员在独立上岗作业前，必须进行与本项目相适应的、各工种相互交叉作业时的安全技术理论学习和实际操作训练

C. 根据《特种作业人员安全技术培训考核管理办法》规定，特种作业是指容易发生人员伤亡事故，对操作者本人、他人及周围设施的安全有重大危害的作业

D. 特种作业人员必须是身体健康、无妨碍从事相应工种作业的疾病和生理缺陷，而且具有相应的特种作业培训合格证书和中级以上职称的人员

正确答案：C

10. 某工程公司在一大厦广场基础工程进行护坡桩锚杆作业。当天工地主要负责人、安全员、电工等有关领导及管理人员都去别的地方而不在现场。工地施工分成一、二两组。班组长秦某请假，临时委托张某代替自己的工作，张某在二组指挥下锚钢筋笼，一组无人指挥，长 22m，3 根 $\phi25$ 螺纹钢的钢筋笼由 13 名民工自行进行作业，民

173

工在下锚杆时，因钢筋笼将配电箱引出的 380V 电缆线磨破，使钢筋笼带电，造成 5 人触电，经医院抢救，其中 3 人脱险，另两人因光脚未穿鞋，经抢救无效死亡。

判断题：

（1）这起事故中造成触电伤害原因之一是民工违章作业。（　　）

A. 正确　　　　　　　　B. 错误

正确答案：A

（2）这起事故中，操作人员没有违规操作的行为。（　　）

A. 正确　　　　　　　　B. 错误

正确答案：B

单选题：

（3）这起事故直接原因的是（　　）。

A. 由 13 名民工进行作业，人员过多　　B. 工地主要负责人不在现场

C. 班组长秦某请假　　　　　　　　　D. 380V 电缆线磨破漏电

正确答案：D

（4）下列对于三类人员的安全管理职责的说法正确的是（　　）。

A. 施工单位主要负责人依法对本单位参与施工的所有项目的安全生产工作负主要责任

B. 施工单位的项目负责人对本单位参与施工的建设工程项目的安全负全部责任

C. 现场安全生产管理人员负责对安全生产进行现场监督检查

D. 专职安全生产管理人员对违章指挥、违章操作的，应当立即报告，并可以越级上报，但无权制止施工单位的行为

正确答案：C

11. 焊工贾某、王某在市职业大学教学楼工地，焊接一个（4.5×2×1.5）m^3 的膨胀水箱。两人完成了 4/5 的工作量下班后，为了赶工程进度，工地负责人又安排了油漆工加班施工，要求将焊好的部分刷上防锈漆。因箱顶离屋顶仅有 50cm 间隙，通风不良，到第二天油漆还未干。而焊工上班后，虽了解到水箱上油漆未干，但因不愿误工，由贾某钻进水箱内侧扶焊，王某站在外面焊接，刚一打火"轰"的一声，水箱上的油漆全部燃烧起来。顿时，贾某被火焰吞噬，在王某的帮助下，才爬出水箱逃命。但两人均已被烧伤。

判断题：

（1）从上述案例中应吸取的主要教训是：指挥人员应严格按焊接要求组织生产，合理安排工序，进行有针对性的安全技术交底，不能强令工人冒险作业。（　　）

A. 正确　　　　　　　　B. 错误

正确答案：A

（2）施工现场动火前、动火过程中要严格进行环境安全检查。（　　）

A. 正确　　　　　　　　B. 错误

正确答案：A

（3）施工现场油漆作业与焊接作业可同时进行。（　　）

A. 正确　　　　　　　B. 错误

正确答案：B

单选题：

(4) 下列施工现场消防器材的配备说法正确的是（　　　）。

A. 临时搭设的建筑物区域内，每 100m² 配备 5 只 10L 灭火机

B. 大型临时设施总面积超过 50000m²，应备有专供消防用的太平桶、积水桶（池）、黄砂池等设施，上述设施周围不得堆放物品

C. 临时木工间、油漆间和木、机具间等每 25m² 配备一只种类合适的灭火机

D. 30m 高度以上高层建筑施工现场，应设置具有足够扬程的高压水泵或其他防火设备和设施

正确答案：C

12. 某公司在一工地用吊篮架进行外装修作业时，首层安全网已经拆除，施工员指派一名抹灰工升降吊篮，在用倒链升降时，未挂保险钢丝绳，突然一个倒链急剧下滑，吊篮随即倾斜，使一名工人从吊篮上摔下死亡。

判断题：

(1)"违章操作，作业时未挂安全绳，工人未系安全带"属于造成这一事故发生的不安全因素之一。（　　）

A. 正确　　　　　　　B. 错误

正确答案：A

(2) 上述事故中，"用吊篮架进行外装修作业时，首层安全网拆除"的做法是错误的，属于违章作业。

A. 正确　　　　　　　B. 错误

正确答案：A

(3) 下列关于本事故的说法错误的是（　　　）。

A. 施工员违章指挥，不应指派抹灰工进行操作

B. 项目负责人没有亲自指挥

C. 作业时没有对升降装置进行认真检查，设备带"病"作业

D. 违反高处作业规定，支设的水平安全网在高处作业未完成时被拆除

正确答案：B

(4) 下列关于施工员布置这项工作的说法正确的是（　　　）。

A. 事故责任在于设备，与施工员无关

B. 对于临时安排抹灰工操作一下升降吊篮没有什么，是施工员统筹考虑现场实际的正确工作布置

C. 施工现场的工作布置由施工员安排，没有违章指挥

D. 抹灰工对于施工员布置的明显有较大危险而且没有防护设施的工作可以不接受

正确答案：D

13. 某工地按施工进度要求正在搭设扣件式脚手架，安全员巡视检查发现新购进的扣件表面粗糙，商标模糊，向架子工询问，工人说有的扣件螺栓滑丝，有的扣件一拧，

小盖口就裂了。安全员对此批扣件质量发生怀疑。

判断题：

（1）对于上述情况，安全员没必要大惊小怪，告诉施工人员注意一下就可以了。毕竟扣件是金属做成的，不会出现问题。（ ）

A. 正确　　　　　　　　B. 错误

正确答案：B

（2）安全员对此批扣件质量发生怀疑是没有必要的。（ ）

A. 正确　　　　　　　　B. 错误

正确答案：B

单选题：

（3）为防止安全事故的发生，安全员处理此事的下列方法正确的是（ ）。

A. 扣件检验不合格，将所有扣件清除出现场，追回已使用的扣件，并向有关负责人报告追查不合格产品的来源

B. 告诉工人将坏掉的扣件保留，以便万一发生事故时留作证据

C. 把坏掉的扣件扔掉，好的继续使用

D. 保存此批扣件，用于上部脚手架的搭设

正确答案：A

（4）下列关于脚手架工程的规定正确的是（ ）。

A. 在施工现场安装、拆卸整体提升脚手架等自升式架设设施，必须由本单位的架子工完成

B. 安装、拆卸整体提升脚手架等自升式架设设施，不需要编制拆装方案

C. 整体提升脚手架等自升式架设设施安装完毕后，安装单位应当自检，出具自检合格证明，并向施工单位进行安全使用说明，办理验收手续并签字

D. 脚手架是工程建设过程中最常见的分部分项工程，各类作业人员都很熟悉其搭设与拆除的方法，其作业人员不需要特种作业培训

正确答案：C

14. 某施工队在某单位租借一间平房，承揽装修工程，由原来仅加工的木工活，要再增加做铝合金和塑钢门窗加工，没有正式电工。房间里要重新布置一下，原有一单相小电气设备（多功能木工机械）要移位，该设备的一次电源线是使用软电缆线沿墙边明设在水泥地面上的。缆线绝缘层已有磨损，电缆线裸露，接头处也没有用绝缘胶布包好，安装在该设备上的漏电开关也已失灵。在移动过程中田某等两名触电死亡，学徒工看见后又用手直接去拉田某也被电死。

判断题：

（1）田某等人触电死亡的主要原因有：违章操作，移动电气设备必须经电工切断电源，并做妥善处理后进行；破损电缆线未及时更换，不符合安全用电要求；非专业电工移动了电气设备；漏电开关失灵，不起安全保护作用；缺乏日常安全教育和检查，未及时发现事故隐患等。（ ）

A. 正确　　　　　　　　B. 错误

（2）上述事故中，只有最后的学徒工的做法是错误的，其前两名人员的死亡属于意外，很难控制。（　　）

A. 正确　　　　　　　B. 错误

正确答案：B

单选题：

（3）下列关于电工的说法正确的是（　　）。

A. 电工不属于特种作业人员范围

B. 电工不需要特别的培训，只要懂得电工工作原理的人就可以在施工现场操作用电

C. 电工需要按照特种作业人员的培训和考核要求进行培训和考核合格后才可上岗

D. 对于投资 100 万元以下的建设项目，可以不需要电工

正确答案：C

（4）对于本案例中造成 3 人死亡的事故，下列说法正确的是（　　）

A. 本案例事故发生在自己公司工作场地修缮作业过程中，不属于对外承揽项目施工过程中发生的事故，不应按照事故报告程序上报，自行处理即可

B. 本案例事故发生在自己公司场地修缮作业过程中，不属于工伤保险范围之内

C. 本案例事故属于重大伤亡事故，应立即上报

D. 本案例的事故由于是在租赁房间内由于电缆线布置不当及裸露的原因而引发的事故，事故责任在于房屋出租方

正确答案：C

15. 某建筑公司，为了安排下岗职工就业，在集镇路边 30m² 房间内，开了一个电气焊修理门市部。为了节约资金，焊机用的是已停用一年的旧机，一次测电源用的是闸刀开关，并安装在室内，门口路边就是焊接与切割场所。室内既是焊切工具、氧气瓶、乙炔瓶的储存间，又是工人中午吃饭休息的场所。公司对工人只进行了短期培训，便开业。

判断题：

（1）该电气焊修理门市部的安全隐患有：工人生活及其所用设备、工具均在同一狭小的室内；在 30m² 有闸刀开关的室内，不应存放氧气瓶及乙炔瓶；作业人员无证上岗；焊机各项性能指标未经检验；氧气瓶与乙炔瓶不能混放等。（　　）

A. 正确　　　　　　　B. 错误

正确答案：A

（2）上述施工企业是为了安排下岗职工就业，公司对职工的培训可以不和其他职工的培训一样，不受限制。（　　）

A. 正确　　　　　　　B. 错误

正确答案：B

单选题：

（3）下列关于焊机的说法正确的是（　　）

A. 焊机属于小型工具，使用时没有危险

B. 焊机属于电气设备，停用一段时间后可以继续使用，不需要重新进行检测

C. 焊机操作人员没有特殊要求

D. 焊机操作人员需要持证上岗

正确答案：D

（4）下列关于焊工的说法正确的是（　　　）

A. 焊工不属于特种作业人员

B. 该案例中对焊工的培训是合格的

C. 焊工的上岗条件没有特殊要求

D. 焊工应该按照《特种作业人员安全技术培训考核管理办法》的要求进行培训和考核

正确答案：D

16. 2004 年某业主将一栋大型剧院建筑的拆除任务，发包给无拆除资质的防腐保温劳务公司，由于不了解拆除作业的危险性，操作人员决定先拆混凝土梁，后拆混凝土板。操作时，现场也无安全人员在场，无安全措施。在梁拆至一半时全部楼板塌下，造成多人死亡。事后检查该施工方法无方案、无交底，公司也没有施工方案管理制度。

判断题：

（1）此事故发生的原因之一是：拆除作业发包给无相应资质的施工单位施工。（　　　）

A. 正确　　　　　　B. 错误

正确答案：A

（2）先拆梁后拆板是事故发生的原因之一。（　　　）

A. 正确　　　　　　B. 错误

正确答案：A

（3）拆除作业的施工方案应先交安全员，由安全员批准后，方可施工。（　　　）

A. 正确　　　　　　B. 错误

正确答案：B

（4）大型拆除作业必须编制施工方案，必要情况下应当组织专家进行论证。（　　　）

A. 正确　　　　　　B. 错误

正确答案：A